面向流量相关性的高级在轨系统复用及优化技术

The Technology of Multiplexing and Optimization on Advanced Orbiting System Based on Traffic Correlation

赵运弢　田　野　冯永新　国一兵　著

国防工业出版社

·北京·

内 容 简 介

随着航天技术的飞速发展，为满足航天任务的复杂性、多样性和长期性要求，将传统的空间数据交换向网络传输转变，传统的指令传输向语音、图像和视频等大容量传输过渡，CCSDS 提出一系列建议书，为空间数据系统定制了通信体系、协议与业务规范标准。本书深入剖析了 CCSDS 高级在轨系统协议规范，从网络流量长、短相关性入手，对基于流量相关性的 CCSDS 空间数据系统复用及优化关键技术进行研究，建立了 MPDU 复用过程的无限缓存和有限缓存下的成帧模型，分析了多信源 ON-OFF 模型下的复用效率的长相关性，采用分级调度策略构建 AOS 虚拟信道调度总体优化控制方案，并建立基于 HLA-RTI 的 AOS 多信源仿真系统。

本书对于相关专业领域的研究人员、工程技术人员、高校教师和研究生等，具有较高的参考价值。

图书在版编目（CIP）数据

面向流量相关性的高级在轨系统复用及优化技术/赵运弢等著.
—北京：国防工业出版社，2018.4
ISBN 978-7-118-11599-4

Ⅰ. ①面…　Ⅱ. ①赵…　Ⅲ. ①空间信息系统—研究　Ⅳ. ①P208.2

中国版本图书馆 CIP 数据核字（2018）第 099256 号

※

*国防工业出版社*出版发行
（北京市海淀区紫竹院南路 23 号　邮政编码 100048）
北京虎彩文化传播有限公司印刷
新华书店经售

*

开本 880×1230　1/32　印张 5¾　字数 171 千字
2018 年 7 月第 1 版第 1 次印刷　印数 1—600 册　定价 79.00 元

（本书如有印装错误，我社负责调换）

国防书店：（010）88540777　　　发行邮购：（010）88540776
发行传真：（010）88540755　　　发行业务：（010）88540717

前　言

空间数据系统咨询委员会（CCSDS）是为空间数据系统定制的通信体系、协议与业务规范标准。为了满足未来空间数据系统流量的复杂性和突发性的要求，构建未来空天地一体化的空间数据系统，开展基于流量相关性的 CCSDS 空间数据系统复用及优化技术研究具有重要的理论意义和应用前景。正是由于 CCSDS 的广阔前景和未来空天地一体网络的巨大应用价值，并随着未来空天网络规模的急剧增长，空天网络必然也面临着地面 IP 网络协议发展过程中遇到的流量相关性问题，针对 CCSDS 流量长相关、自相似性所引发的一系列问题，分析和研究 CCSDS 协议，特别是其中高级在轨系统 AOS 的流量相关性的复用和优化关键技术，必将成为研究的热点和亟待解决的方向性前沿问题。

为此，针对 CCSDS 高级在轨系统 AOS 特性，结合流量长/短相关下的成帧模型，在国家自然科学基金"基于自相似业务流的高级在轨系统多路复用优化模型与算法研究"等项目（61471247，61501307）、中国博士后科学基金（2016M590234）课题、辽宁省特聘教授支持及滚动支持、辽宁省高等学校优秀人才支持计划资助（LR2015057）、辽宁"百千万人才工程"培养经费资助（2014921044）、辽宁省一般项目（No.L2015459，LG201611）及沈阳理工大学博士后科研启动基金、重点实验室开放基金（4771004kfs32）的资助下，进行了 AOS 多路复用及优化技术的研究。在此基础上，完成部分研究成果汇总、撰写本书，从而为相关领域的研究工作提供新思路、新方法，为未来 CCSDS 协议的应用提供技术支持和理论支撑。全书共分 7 章。

第 1 章绪论。阐述了本书的背景和意义，分析 CCSDS 空间数据系统的国内外发展现状，对流量长、短相关下的 CCSDS 空间数据系统性能的影响进行了分析。

第 2 章 CCSDS 空间数据系统特性分析。在 CCSDS 建议书的基础上，重点对 CCSDS 空间数据系统主网模型、CCSDS 星载数据系统、地面数据系统进行分析，并结合 CCSDS 空间链路子网，系统地分析了虚拟信道链路控制子层和虚拟信道存取子层的工作过程，从而为后续的多路复用机制研究提供技术支持。同时，对 CCSDS 空间数据系统业务等级及路径业务、互联网业务、封装业务、复用业务、位流业务、虚拟信道访问业务、虚拟信道数据单元业务、插入业务 8 种业务进行深入研究与分析，为 CCSDS 空间数据系统复用和优化提供技术支持。

第 3 章基于短相关流量下的 AOS 多路复用技术。针对 CCSDS 空间数据系统，特别是其高级在轨系统 AOS 多路复用机制，结合标准 CCSDS 源包的 MPDU 复用业务，深入开展 AOS 包信道复用效率研究与分析，建立了 MPDU 复用过程的无限缓存和有限缓存下的成帧模型，推导给出了两种模型下的 MPDU 复用效率的计算公式，从而为 CCSDS 高级在轨系统的标准设计及优化提供数学基础及理论支撑。

第 4 章基于自相似流量的 AOS 多路复用技术研究。针对 CCSDS 空间数据系统主网部分相关业务流量存在的长相关自相似特性，基于 Pareto 重尾分布多信源 ON-OFF 叠加过程，并结合自相似流量生成模型及检测方法，建立了长相关自相似流量下的 AOS 等时帧生成模型，将 AOS 复用过程推广到长相关领域，分析了多信源 ON-OFF 模型下的复用效率的长相关性，并通过仿真进一步研究了长相关自相似流量下的 AOS 复用效率的自相似性以及与流量自相似性的强弱变化趋势。

第 5 章基于自相似流量的 AOS 多路复用技术研究。进行基于流量相关性的 AOS 虚拟信道调度优化方法研究。在研究 AOS 虚拟信道复用机制的基础上，分析了 AOS 空间数据系统业务流量特性及传统调度方法在流量相关性条件下的局限性，针对 AOS 短相关业务流量，建立了跨层优化的加权轮询虚拟信道调度（Weighted Polling of Cross-layer Optimization，WPCLO）方法；针对 AOS 长相关自相似业务流量，建立了延迟累积自适应轮询调度（Scheduling of Delay Accumulation Adaptive Polling，SDAAP）方法。并采用分级调度策略构建 AOS 虚拟信道调度总体优化控制方案。

第 6 章基于 HLA-RTI 的 AOS 多信源仿真系统设计。基于 HLA-RTI 仿真技术，根据五类信源，包括：8bit 小信源、16bit 小信源、文本信源、图像信源和声音信源，对总控成员模块、多信源封装成员模块、帧同步模块、虚拟信道复用与字节提取模块、最佳同步码型等进行了开发和研究，进行了基于 HLA-RTI 的 AOS 多信源发送/接收仿真系统的总体设计，对系统软、硬件环境进行了配置，并设计了仿真系统的通信接口。

第 7 章基于 HLA-RTI 的 AOS 多信源仿真系统实现。重点实现并仿真验证了基于 HLA-RTI 的 AOS 多信源仿真系统的核心模块，包括：发送端的多信源封装模块、虚拟信道调度模块、附加帧同步标记添加模块以及接收端的帧同步模块、虚拟信道分用和解析模块。

研究过程中，要感谢课题组所在辽宁省"通信与网络技术"省级工程中心和辽宁省"信息网络与信息对抗技术"省级重点实验室所提供的研究平台和条件；要感谢课题组所在的"通信与网络工程中心"研究团队的积极协作。

本书的撰写工作，除作者外，还要感谢潘成胜教授以及团队成员张文波、张德育、姜月秋、钱博、刘猛、黄迎春、周帆、田明浩、刘芳、隋涛、蒋强、马玉峰、刘立士等的大力支持，还要感谢"通信与网络工程中心"的研究生张耀寰、周雅芳、康紫允、徐春雨、张雨薇、张昊等的努力工作。

本书对于相关专业领域的研究人员、工程技术人员、高校教师和研究生等，具有较高的参考价值。

限于作者水平，本书难免有疏漏和不足之处，恳请作者批评指正。

作　者
2018 年 1 月

目　录

第1章 绪 论

1.1 研究背景及意义

随着航天技术的飞速发展，特别是微小卫星平台、载人航天、深空探月工程的深入开展以及长周期自主空间实验室规划实施，航天器平台和有效载荷的复杂度在不断提高，航天任务的物理环境更复杂，功能要求更高，数据速率范围更宽，空间任务呈现多样性、长期性，以往简单的数据交换向网络传输转变，传统的指令传输向语音、图像和视频等大容量传输过度，因此，对航天数据业务也提出了更高的要求，构建满足空间数据传输，同时能够与地面数据系统无缝互联的空间数据系统，以实现空间数据的采集、传输、处理和利用具有更加迫切的现实意义。

空间数据系统咨询委员会（Consultative Committee for Space Data System，CCSDS）作为空间数据系统技术权威的国际组织，20 多年来，已经制定了近百个标准（建议书）。这些标准不只是单纯地统一世界各地的技术规范，更重要的是推出了一整套完全崭新的技术思想和系统体制。其宗旨是建立一个全球范围的、开放的、与 CCSDS 标准兼容的空间数据系统，用于国际交互支持、合作和空间信息交换服务，从而为构建空天地一体的、全覆盖的数据高速传输系统奠定基础。同时，CCSDS 空间数据系统新体制得到了各主要空间国家和空间组织的广泛承认，采用 CCSDS 标准的空间任务迅速增多，包括各种不同类型的航天器，如国际空间站、深空探测器、各种近地轨道卫星和实验小卫星等。CCSDS 拥有 11 个正式成员、28 个观察员、142 个工业会员和 13 个联络组织。其中，欧洲空间局（European Space Agency，ESA）明确规定以后的航天器必须采用 CCSDS 标准；美国国家航空航天局（National Aeronautics and Space Administration，NASA）为在深空网

（Deep Space Network，DSN）的高级多任务操作系统及未来星际互联网中已采用或即将采用 CCSDS 标准。

建立符合 CCSDS 体制的空间数据系统具有诸多优点。首先，CCSDS 推出的是动态优化的空间数据系统体制，它能够利用给定的星上资源，使用动态的数据组织和管理满足用户不同的需求，获取和利用最多的飞行任务信息，以做出准确的判读和处理；它是一个开放的网络系统，有利于系统集成和系统试验，支持系统容错，使数据系统与飞行任务能够并行设计以及能适应多目标的测控数据服务。同时，对采用 CCSDS 体制的数据流，可以很方便地建立长期保存和再利用的国际空间数据档案库，信息利用率将大大扩展；采用 CCSDS 标准的系统可以与国际互联网、专用网互联，实现全球交互支持，使航天器测控和数据传输无缝化；采用 CCSDS 标准符合未来空间数据系统国际通用化、系列化、模块组合化的发展趋势，可以降低开发成本，缩短研制周期，减少运行风险。对国内各地面站来说，各类航天器采用统一的 CCSDS 标准，可以在地球站与地球站之间通用，这样，地面站对航天器的服务就不仅局限于区域任务型号，还可以承担全球数据中转和传输业务。目前，各国在星上和地面软、硬件设备的开发和研制中逐步向与 CCSDS 建议兼容的方向发展，CCSDS 数据系统已经成为展现空间数据技术领域最新发展动态的集中舞台，开放网络的CCSDS 标准是最适合的空间数据系统体制。

但是，在 CCSDS 建议书不断更新完善的同时，空间数据系统仍有许多问题需要进一步的深入研究。特别是随着航天器数量和通信业务种类的日益增多，空间数据系统上承载的业务量飞速发展，信息容量不断攀升，空间数据系统流量表现出更高的复杂性、突发性及自相似特性。而 CCSDS 空间数据系统，特别是高级在轨系统（Advanced Orbiting System，AOS）采用两级多路复用机制，将不同业务、不同信源的数据进行包信道复用和虚拟信道复用，由此引起的流量聚合、分解及整形使得数据流量特性变得更加复杂，流量的相关性不仅表现为短相关性，还表现为长相关性。而流量特性直接影响空间数据系统性能，同时也是空间数据系统规划设计的基础和前提，其对延时、复用效率等性能的影响更为直接。只有通过对流量相关性的全面而深入的分析，才能很好地对系统性能进行评价，进而采取有针对性的措施，减少相关性带来的负面影响，最终使空间数据系统得到优化。因此，在流量相关性分析与研究基础上，开展 CCSDS 体制的复用和优化技术研究是建立空间数据系统首要解决的关键问题。

由此可见，由空天地信息网、载人航天和深空飞行发展而牵动的我国航天测控及通信系统建设，对空间数据系统提出了新的技术需求，建立满足 CCSDS 建议书规范的空间数据系统是未来的必然趋势，而基于流量相关性的 CCSDS 高级在轨系统性能分析、建模及优化是航天测控、导航和通信等数据系统规划设计的基础和前提，同时也为空间数据系统服务质量的保证提供了理论支撑和技术支持。

本书正是基于此背景，分析了当前 CCSDS 体制及协议规范，特别是 AOS 高级在轨系统所采用的关键技术，结合网络流量相关性理论，解决在复杂数据流量特性下的多路复用及优化关键问题，并对其数据成帧、虚拟信道调度和优化方法进行了深入研究，以期能为构建未来我国天地一体化网络和空间数据系统积累必要的技术基础；为空间数据传输优化、端到端信息交互和各类空间任务的顺利完成提供强有力的保证。

1.2　现状及趋势

1.2.1　CCSDS 空间数据系统发展及现状

空间数据系统咨询委员会 CCSDS 是由欧洲空间局（European Space Agency，ESA）、美国宇航局（National Aeronautics and Space Administration，NASA）、俄罗斯空间局（Russia Space Agency，RSA）及日本、法国等国家的空间局共同成立的一个国际性空间组织，成立于 1982 年，主要目的在开发空间数据系统标准化通信体系结构、通信协议和业务，使未来的空间任务能以标准化的方式进行数据交换和处理，从而加速空间数据系统的开发，国际间的相互支持、合作与交流。CCSDS 已经被 ISO 承认是具有空间信息技术标准的国际权威。

CCSDS 对空间数据系统做了科学的规范。定义的空间数据系统符合开发系统互联参考模型（Open System Interconnection-Reference Model，OSI-RM），它向用户提供数据管理业务、数据路由选择业务和数据传输信道业务三类业务的全面服务。数据处理系统面向航天器的全部应用过程，不论是平台系统还是有效载荷系统，它的信息形式都是数据包报文。从工程遥测遥控的低速率数据，到图像语音等多媒体高速率数据，跨度从低于1bit/s到高于100Mbit/s，不同速率和不同服务要求的多用户多信源数据包按照虚拟信道动态组合，形成统一数据流在信道上传送。在整个空间网络中，航天器作为星载数据系统的一个节点，可以多层次对外开放，互联形成空间综合业务数字网，再与地面互联网融为一体，构成立体化的全球信息网。

CCSDS 建立之后，推出了一系列建议和技术报告，内容涉及到分包遥测（Packet Telemetry）、分包遥控（Packet Tele-command）、遥控指令、射频、调制、时间码格式、遥测信道编码、轨道运行、标准格式化数据单元、无线电外测和轨道数据等，反映了当时世界空间数据系统的最新技术发展动态。其中，分包遥测和分包遥控是 CCSDS 最早制定的建议书，它们使用虚拟信道方法实现多个用户动态地分享同一物理信道，其数据传送速率中等，实现的业务相对简单，主要用于具有中等通信需求的近地和深空任务，又称为常规在轨系统（Common Orbiting System，COS）。

针对常规在轨系统 COS 的不足和未来数据系统的发展，CCSDS 对常规在轨系统建议进行了延伸，提供了灵活性更强、更多样化的数据处理业务，这就是高级在轨系统 AOS 建议。高级在轨系统与常规在轨系统相比最大的区别是，前者能提供的业务类型要广泛许多。它既可用于下行链路，又可用于上行链路，也可应用于载人空间站、空间实验室、无人空间飞行平台、自由飞行的航天器以及新型空间运输系统。这些航天器都需要比常规任务更复杂的数据处理业务和更高的数据传输速率。另一方面，伴随着航天技术的发展，星上数据处理能力得到了极大地提高，可以将星上视为与地面对等的一个数据处理中心，因此，传统的遥控和遥测概念在高级在轨系统 AOS 的数据双向传输中就变得相对模糊，取而代之的是星地之间的前向和反向链路的概念。因此，AOS 可以使用对称的业务和协议，在空间链路之间双向提供声音、图像、高速遥测、低速处理等数据传输。为了使不同类型的数据共享同一链路，AOS 提供了不同的传输机制（同步、异步）、不同的用户数据格式协议（比特流、字节块、数据包等）以及不同等级的差错控制。从而提高信道利用率，降低成本，保证高质量的数据传输。

高级在轨系统 AOS 能够兼容常规在轨系统 COS，整个数据系统可能工作在一种 AOS 与 COS 共存的混合状态，例如，空间工作的 AOS 平台可能与独立的自由飞行器对接，该自由飞行器使用的是常规 CCSDS 标准；或者在一个系统中，不含声音和图像的上行数据使用的常规的分包遥控标准；而下行链路使用 AOS 标准。由于业务范围的扩展，AOS 将空间任务端到端的数据处理网络定义为 CCSDS 主网（CCSDS Primary Network，CPN），CPN 又包括空间轨道上的星载网络、地面网络和空间链路子网（Space Link Subnetwork，SLS）。CPN 采用了 ISO 的开发系统互联模型，提供八种不同的业务类型，包括路径业务（Path Service）、互联网业务（Internet Service）、封装业务（Encapsulation Service）、复用业务（Multiplexing Service）、位流业务（Bit Streaming Service）、虚拟信道访问业务 VCA、虚拟信道数据单元业务 VCDU、插入业务（Insert Service）8 种不同的业务，可以处理语音、图像、电视、科学实验数据等各种非同步的、来自不同信源的复杂数据。其中路径服务和互联网服务以异步方式穿越整个 CPN。也就是说，这两种业务需要 SLS 和星载/地面网的支持，在星载/地面网中，将不再保持数据包的顺序性。另外 6 种业务仅由 SLS 支持，可以工作在同步或异步模式，SLS 保持数据包的顺序性。

CCSDS 对每一技术问题的讨论结果以建议书的形式给出，根据对这些结果的认可程度，建议书分成若干等级，用不同颜色加以区分，白皮书（White Book，WB）为原始草稿；红皮书（Red Book，RB）为评审稿；蓝皮书（Blue Book，BB）为批准稿；绿皮书（Green Book，GB）为技术指导；黄皮书（Yellow Book，YB）为管理文件；粉皮书（Pink Book，PB）为修改意见。CCSDS 的建议书通过两种途径转化为标准：第一，被国际标准化组织批准转化为 ISO 标准。ISO 承认 CCSDS 为领导有关空间信息技术标准的国际权威部门，同意 CCSDS 对 ISO 第 20 技术委员会（TC20/SC13）制定的技术标准负主要责任；第二，

CCSDS 建议书被各空间组织采纳为其内部标准或与其兼容。其中 CCSDS 蓝皮书中的大部分已经或正在转为 ISO 国际标准。图 1.1 为航天器上的主要 CCSDS 建议书分层结构。

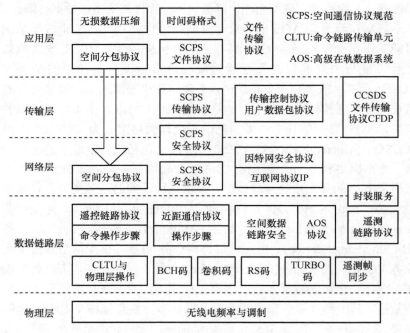

图 1.1　CCSDS 建议书分层结构

　　CCSDS 目前有 11 个正式成员，28 个观察员，140 多个合作伙伴，国际上主要航天机构均参加了该组织，为该组织各项技术活动的开展提供支持。虽然 CCSDS 建议在航天领域为推荐使用，但由于其反映了各航天机构交互支持的需求，技术体系相对完备，因此被各航天机构广泛采用，已成为国际航天领域中的事实标准。ESA 明确规定航天器必须采用 CCSDS 标准，NASA 的 DSN 深空网支持的新任务也必须符合 CCSDS 标准。目前，采用 CCSDS 建议的空间任务超过 500 项，包括卫星、空间站、深空探测器等。例如：2011 年 3 月，美国 NASA 的 Messaenger 探测器成功转入环绕水星的椭圆轨道，并采用 CCSDS 文件传输协议（CCSDS File Delivery Protocol，CFDP）向地球发送数据；美国海洋大气局开发的极地环境监测系列卫星（Polar-orbiting Operational Environmental Satellite，POES），采用 AOS 数据系统代替原始的时分多路遥测系统，形成了覆盖全球的近地轨道星座；NASA 的 LandSat-7 卫星的载荷实时数据和大容量存储器的回放数据按照 CCSDS 分包遥测和信道编码协议完成组帧、编码和同步串行；美国国家导弹防御计划中的天基红外系统使用的航天器等也都采用了 CCSDS 标准。其他，如欧洲空局 ESA 的地面测控网、日本国家空间开发组织 NASDA 的技术试验卫星 ETS-8、美国空军卫星控制网和中继卫星等系统也应用了 CCSDS 建议。

我国 20 世纪 90 年代初开始跟踪、研究 CCSDS 建议，经过近 20 年的努力，已实现了从单纯的跟踪研究到工程应用、前沿技术验证的转变。起初为减少技术风险，在 1999 年发射的"实践"五号卫星上成功地进行了 AOS 标准的在轨技术飞行试验，取得了应用 AOS 标准的宝贵经验。2008 年 4 月在西昌发射成功的我国第一颗数据中继卫星"天链一号 01 星"在数据链路层使用了 CCSDS 协议，"天链一号 01 星"的成功发射将提高"神七"的测控和通信覆盖能力。此外，载人飞船和双星探测卫星等有效载荷数管系统上采用了 AOS 数据标准和基于 1553B 总线的分布式系统；863 测控科学通用平台也采用了 AOS 数据标准。采用 CCSDS 数据标准成功解决了载荷种类多、产生数据量各不相同和有突发数据传输的要求。系统可以根据需要对数据动态调配使信道得到非常有效和高度灵活的利用。另外，"神舟"飞船、探测一号、探测二号、实践系列卫星等卫星的成功在轨运行充分体现了采用 CCSDS 标准的优越性。更值得关注的是，2008 年 6 月 23 日，中国国家航天局 CNSA 已成为 CCSDS 组织第十一个正式成员，这也意味着中国航天管理机构已承认 CCSDS 空间数据协议体系为空间数据协议标准，中国航天研究机构将普遍采用 CCSDS 协议实现天-地间的数据传输与处理。

综上所述，CCSDS 能够满足未来航天探测任务的需求，从国内外 CCSDS 建议书的应用和发展来看，CCSDS 空间数据系统具有如下优点。

1. 重用性和可移植性

CCSDS 空间数据系统采用统一数据系统标准的系统测试和实现，可以很容易地在其他型号中得到应用，通过这种重用的方式，可以大幅度降低系统成本，而且由于在大量的空间任务中已经实际验证，能够降低新任务的风险。

2. 完整性和成熟性

CCSDS 提高遥控数据传送和遥测数据接收的成功率。对遥控和遥测的传输使用标准的协议而不是每个型号都用不同的通信协议，而且 CCSDS 的协议是经过不同空间局的技术专家反复评估审核，又经过很多型号的验证和积累，从而保证数据系统及通信协议的完整性和成熟性。

3. 对分布数据的适应性

AOS 支持多种数据类型共享传输，包括声音、图像、视频，从实时传输到数据回放、从科学数据到工程数据等都可以用同一物理信道传输。AOS 对不同数据类型、不同数据速率、不同传输要求的数据组合，数据格式转换容易、灵活、不像传统遥测中数据格式编排随任务不同而需要单独设计，而且一旦设计完成后，改动困难。

遵循 CCSDS 标准的空间数据系统新体制建设是未来空间技术发展的必由之路，CCSDS 建议书在基本分层结构的基础上，发布了一系列符合未来空间数据系统发展的新建议，从中可以勾勒出了 CCSDS 空间数据系统未来的发展趋势。

4. IP over CCSDS Space Links

CCSDS 于 2011 年 4 月发布的 CCSDS 702.1-R-5（Red Book）给出了实现 IP over CCSDS 推荐方法，如图 1.2 所示，即在每个 IP PDU（协议数据单元）中预先考虑 CCSDS IPE（IP 延伸）字节，再逐一封装到 CCSDS 封装包中，之后在一个或多个 CCSDS 空间数据链路传输帧中传递这些封装包。通过 CCSDS 空间数据链路层协议（A0S、TC、TM、Proximity-1）传输 IP 数据报 PDU。

以 AOS 业务为例，首先对每个待传输的完整 IP PDU 进行定界，即根据 IP PDU 大小，将一个完整 IP PDU 分割成一个或多个 CCSDS 数据链路传输帧进行传输，输入的 IP PDU 可能会产生空隙，可以插入填充数据帧来保持空间数据链路的连续。之后，每个 IP PDU 在前端增加 IPE 并进行封装，形成封装包。封装包插入 MPDU 中进行多路复用，形成 AOS 传输帧，最后经信道编码、随机化，加上 ASM 同步头后发送至物理信道。在接收端首先进行帧同步、解随机化和信道译码，接着根据对应层数据单元的导头域信息，逐层提取出用户数据，最后恢复出传输的 IP PDU。

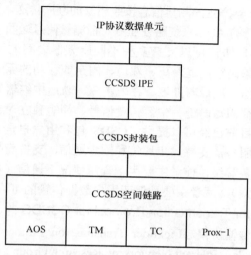

图 1.2　IP over CCSDS Space Link 封装

　　未来空间数据系统将与地面通信融为一体，而 TCP/IP 协议是地面网络广泛采用的通信协议，已经构成遍布全球的互联网。因而，要实现任意空地两点之间的端到端通信，IP over CCSDS 正是这一融合的基础和催化剂。IP over CCSDS 建议书为空间数据系统传输和交互指明了方向，具有简化和优化拓扑发现和路由选择，利用成熟的技术降低成本等优点，从而使整个通信系统的健壮性和可扩展性大大增强，未来将实现用户地从空间网络到地面网络无缝过渡。

5. Proximity-1 Space Link Protocol--Data Link Layer

　　为了实施对多种不同类型的航天器联合控制，使其相互配合、协调工作，并对空地常规链路进行补充。2012 年 3 月 CCSDS 发布了近地空间链路协议（Proximity-1 Space Link Protocol--Data Link Layer, Pink Book）。近地空间链路是指在主航天器和其他航天器之间建立附加的空间链路。例如载人空间站与载人飞船的交互对接，又如在火星探测中火星轨道器和火星着陆器之间的释放与交互对接。如果仅依靠地球站对多航天器的测量和控制，将会带来无法容忍的开销。一种合理可行的方案是，地面站只与空间任务中的一个或少数几个主航天器之间建立常规的空间链路，主航天器产生的控制命令直接通过近距空间链路传送给其他航天器，各航天器产生的测量信息按照相反的顺序传送，其他航天器可以利用主航天器的 AOS 系统路径业务，把测量信息送回地球。

Proximity-1 协议可以支持多种不同航天器之间的通信和导航需求，定义的对象是空间近距离、双边、固定或移动的无线链路，通常用于固定探测器、星球着陆器、在轨星座、轨道中继器等相互间的通信，其链路特征为短时延、中等强度信号、简短独立对话。经过不断完善和补充，目前已经可以提供 CCSDS 包和用户自定义数据单元等两种数据类型服务，支持异步通信和同步通信，支持竞争业务和非竞争业务两个服务等级，前者主要用于紧急情况下通信（如卫星联络中断后的重新搜索），后者主要是保证用户数据传输的可靠性。

6. Licklider Transmission Protocol for CCSDS

Licklider 传输协议（Licklider Transmission Protocol，LTP）协议是 DTNRG（Delay-Tolerant Networking Research Group）开发的另一个重要协议。2012 年 2 月，CCSDS 发布了 Licklider Transmission Protocol（LTP）for CCSDS 红皮书，解决深空环境下的可靠性传输，特别是解决点到点环境中的长延迟和中断，主要操作在单个极长延迟的链路上。针对未来深空探测、通信及星际主干链路可能遭受长延迟、中断和地面站的调度约束，以及当着陆器被"遮挡"在行星的另外一面时，它可能仍然需要发送一块 LTP 数据，直到不再"遮挡"才接收一个应答。LTP 被设计为支持包裹层协议的汇聚层协议。LTP 将协议交换处理，如自动重传请求 ARQ（Automatic Repeat-reQuest）与收发等相关问题分离开来。传统的可靠传输协议（如 TCP）用一种算法方式来处理这些问题，对于互联网传输性能显然取得了巨大的成功，但是对深空通信这样的受限场景，TCP 和类似协议是不适用的。LTP 采用一套公开标准的协议原语提供 ARQ、数据完整性、来源认证、可靠性和其他性能。由于它的深空的背景，可以认为 LTP 协议执行于一个分离的"层"，该层充分地知道网络状态，告知每个对等端如何收发信息。

除此以外，CCSDS 还发布了 XML Specification for Navigation Data Messages（Red Book）；Spacecraft Onboard Interface Services--File and

Packet Store Services（Red Book）等一系列建议书，指导未来空间数据系统发展。

CCSDS 空间数据系统将空间通信标准化的研究成果与地面互联网技术相结合，未来将实现包括地球任务、月球任务、火星任务等太阳系范围内的任务，以及太阳系范围之外更远的太空航天任务；同时，使空间网络、地面网络、近地网络、月球网络及星际网络无缝连接。

1.2.2　流量相关性对 CCSDS 空间数据系统性能的影响

系统流量相关性对研究数据系统性能、管理、协议、服务质量以及系统的规划设计都具有重要影响。而 CCSDS 将空间任务端到端的数据处理网络定义为 CCSDS 主网，CCSDS 主网不仅包括星载数据系统网络及空间链路子网，还包括扩展的地面数据系统及网络，其总体网络流量特性更加复杂。与传统遥测遥控数据系统网络相比，CCSDS 空间数据系统，特别是 AOS 高级在轨系统具有路径业务、网间 Internet（互联网）业务、包装业务、复用业务、位流业务、虚拟信道访问业务、虚拟信道数据单元业务、插入业务 8 种不同的业务类型，每种类型具有不同的传输机制、业务等级及用户数据格式，不同的业务种类的数据流量呈现不同的流量相关特性及系统性能影响。

1.　流量长相关性对 CCSDS 空间数据系统性能影响

随着空间数据系统通信业务种类及其承载的信息容量不断攀升，在其空空、空地数据传输过程中，业务流量表现出高复杂性、突发性及自相似特性。而 CCSDS 空间数据系统，特别是高级在轨系统 AOS 将不同业务及信源的数据进行多路复用，由此引起的流量聚合、分解及整形使得数据流量特性变得更加复杂，流量的相关性不仅表现为短相关性，还表现为长相关自相似性。例如，CCSDS 的网间 Internet 业务，遵从 ISO 8473 无连接网络协议，它的业务数据单元长度可变，主要用于间歇性的数据传输，用于在 CPN 的星上和地面网络之间传输交互数据。为了在空间应用中支持多媒体应用、Web 应用以及诸如此类的丰富多彩的互联网业务，CCSDS 将 TCP/IP 协议栈作为 AOS 协议在网络层及以上层的补充。CCSDS 的互联网业务在继承 TCP/IP 协议栈，使空间数据系统与地面网络无缝互联的同时，也继承了地面 IP 网络的流量长相关自相似特性。

自从 W.E.Leland，M.S Taqq 及 V.Paxson 等人通过对地面局域网和广域网的长期监测，发现网络业务流具有自相似性（Self-Similarity），并且业务流在很长的时间尺度上是相关联的，即具有长相关性（Long-Range-Dependence，LRD）以来。随后十多年的大量研究表明，不仅在地面有线网络，而且在无线移动网络以及设备之间、空间卫星网络传输的数据同样呈现出自相似特性。文献[19]通过分析从 Ad hoc 网络采集的业务数据表明 Ad hoc 无线网络业务具有自相似性；文献[20]建立由 15 个移动节点和 5 个静止节点组成的测试网络，并使用 802.11b 协议保证每个源节点通过 3～4 跳与目的节点通信，统计分析也表明无限移动网络业务具有自相似特性；文献[21]在对卫星互联网服务质量的研究中，讨论和验证了卫星网络节点流量汇聚、传播及信关节点输出业务的自相似性。自相似性导致了网络流量的长相关特点，即：网络流量的自相关函数随着时间间隔的增加，呈双曲函数下降，衰减较慢。呈双曲函数下降使得网络流量的自相关函数不可积，流量在很大的时间尺度上呈现高可变性和突发性；而传统的短相关过程的自相关函数呈指数衰减，在时间上可积，流量可变性和突发性较小。

综合上面的分析，流量长相关性存在于 CCSDS 空间数据系统主网业务流量中，例如符合 IP over CCSDS 规范的扩展地面数据系统相关业务流、CCSDS 网间业务流等高级业务流，流量长相关性的存在使系统性能分析变得复杂。当数据系统性能指标采用信道利用率、丢包率和处理延迟等表示时，随着到达数据报文长度或间隔时间重尾程度的增加，丢包率增大，处理延迟增加，由系统重传引起信道利用率下降，最终导致系统性能逐渐降低。在网络资源如链路带宽或缓冲区容量受限条件下，长相关自相似业务数据流的突发性易使得缓冲区迅速填满并产生溢出。特别是当传输的文件及报文由自相似引起的重尾特性增强时，其长数据及报文出现概率增大，使得丢包率的上升和队列延迟的增加同时发生。为了保证空间数据系统的服务质量，如高速宽带传输，系统需要对资源进行分配，并满足各种约束条件的高效传输，如延时约束、丢包率约束、缓存约束、成帧效率以及保证数据传输效率的带宽约束。当空间数据系统业务流量自相似程度增加时，其对系统多路复用性能、虚拟信道调度能力及各种约束条件的影响决定了空间数据系统运行的有效性和稳定性。如果地面网络的拥塞瘫痪一旦发生在空间数据系统中，将造成远比地面网络系统更为严重的损失。

因此，基于流量长相关自相似下的 CCSDS 空间数据系统性能研究与分析，特别是 CCSDS 高级在轨系统 AOS 的信道复用及优化，对未来空间数据系统规划设计具有重要的实际指导作用。

2. 流量短相关性对 CCSDS 空间数据系统性能的影响

虽然现代网络流量普遍存在自相似特性，但数据系统流量的短相关特性及其研究方法在一定程度上依然存在。一方面，在对流量自相似长相关的研究上，可以使用传统短相关模型如 Markov、ARMA 等对具有长相关性质流量数据或经过转化处理的数据进行拟合，或采用具有长、短相关性质模型如 FARIMA 对流量业务进行综合分析研究，表明在分析业务流量长相关性质时，短相关模型及方法仍然具有实用价值和意义；另一方面，由于 CCSDS 空间数据系统兼容 AOS 高级在轨系统和 COS 常规在轨系统，在 COS 中遥测、遥控指令等业务传输依然具有泊松分布短相关流量特性。而对 CCSDS 高级在轨系统 AOS 而言，其核心是两级复用机制，即包信道复用机制和虚拟信道复用机制。输入流量数据先通过 CCSDS 包装业务将外来数据标准化为 CCSDS 源包，然后将包装业务和路径业务的 CCSDS 源包多路复用为 MPDU，且正好符合一个虚拟信道数据单元数据数据块 VCDU/CVCDU 长度，之后进行虚拟信道复用。这些不同的业务数据单元由包导头中的应用过程标识符区分，在接收端根据该标识符和包长度标志可以恢复出独立源包。而 CCSDS 空间数据系统部分业务，若其采用固定长度 CCSDS 源包，标准化的 MPDU、VCDU/CVCDU 等数据格式，其包信道成帧过程，无论是等时传输模式、同步传输模式，还是异步传输模式都具有一定的流量短相关特性。短相关过程对 CCSDS AOS 影响主要表现在：短相关模型与传输模式相联系，使成帧效率呈现不同的变化，如在等时传输下，CCSDS 源包到达率及短相关流量统计模型直接影响了填充包及剩余包分布情况，从而影响 MPDU 复用效率，而 MPDU 的

13

复用效率对后续的虚拟信道调度具有最直接的影响，其性能也决定了 AOS 空间数据系统的整体效能。

实际的 CCSDS 空间数据系统中业务流量既具有短相关性，还具有长相关性，在后面章节中，将从流量相关入手，针对流量相关性下的 CCSDS 多路复用、虚拟信道调度及优化等关键问题进行深入研究。

参 考 文 献

[1] Consultative Committee for Space Data System. Reference Architecture for Space Data Systems [R]. Washington D. C: CCSDS, 2008.

[2] Consultative Committee for Space Data System. Overview of Space Communications Protocols[R]. Washington D. C: CCSDS, 2007.

[3] Consultative Committee for Space Data System. Space Data Link Protocols-Summary of Concept and Rationale[R]. Washington D. C: CCSDS, 2005.

[4] 于志坚. 深空测控通信系统[M]. 北京：国防工业出版社，2009.

[5] Consultative Committee for Space Data System. AOS Space Data Link Protocol[R]. Washington D. C: CCSDS, 2008.12.

[6] Consultative Committee for Space Data System. Space data and information transfer systems-AOS space data link protocol [R]. Washington D. C: CCSDS, 2007.

[7] Consultative Committee for Space Data System. Space Data Link Protocols and Summary of Concept and Rationale [R]. Washington D. C: CCSDS, 2007.

[8] 张利萍. CCSDS 在我国航天领域的应用展望[J]. 飞行器测控学报. 2011, 30（增）：1-4.

[9] Consultative Committee for Space Data System. IP over CCSDS Space Links [R]. Washington D. C: CCSDS, 2011.

[10] Consultative Committee for Space Data System.Proximity-1 Space Link Protocol-Data Link Layer [R]. Washington D. C: CCSDS, 2012.

[11] Consultative Committee for Space Data System. Licklider Transmission Protocol (LTP) for CCSDS [R]. Washington D. C: CCSDS, 2012.

[12] 叶晓国，肖甫，孙力娟，等. SCPS/CCSDS 协议研究与性能分析[J]. 计算机工

程与应用, 45(4), 2009.

[13] Consultative Committee for Space Data System. XML Specification for Navigation Data Messages [R]. Washington D. C: CCSDS, 2009.

[14] Consultative Committee for Space Data System.Spacecraft Onboard Interface Services--Application Support Services [R]. Washington D. C: CCSDS, 2009.

[15] Willinger W, Taqqu M S, Sherman R, Wilson D V. Self-similarity through high-variability: Statistical analysis of Ethernet LAN traffic at the source level [J]. IEEE/ACM Transactions on Networking, 1997, 5(1): 71-86.

[16] Willinger W, Taqqu M S, Leland W E, Wilson D V. Self-similarity in high-speed packet traffic: Analysis and modeling of Ethernet traffic measurements [J]. Statistical Science, 1995, 10(1): 67-85.

[17] Huo Zhanqiang, Jin Shunfu, Tian Naishuo, et al. The Modeling and performance evaluation of the sleep mode in the IEEE 802.16e wireless networks with self-similar traffic [J]. The Journal of China Universities of Posts and Telecommunications, 2009, 16 (4): 34-41.

[18] 谭巍, 沙学军, 徐玉滨. 基于自相似业务的移动 Ad hoc 网络路由算法研究 [J]. 电子与信息学报, 2008, 30(6): 1475-1479.

[19] 那振宇. 卫星互联网服务质量保障方法研究[D]. 哈尔滨：哈尔滨工业大学, 2010.

[20] 张颉, 吴援明. 无线网关对自相似业务流的影响[J]. 通信学报, 2008, 29(2): 66-70.

[21] 别玉霞, 刘海燕, 潘成胜. CCSDS 发送端包复用处理系统性能分析[J]. 计算机科学, 2010, 37(10): 92-94.

[22] 高波, 张钦宇, 梁永生, 等. 基于 EMD 及 ARMA 的自相似网络流量预测[J]. 通信学报, 2011,32(4): 47-56.

[23] 巴勇. CCSDS 协议及空间数据系统分析[D]. 哈尔滨：哈尔滨工业大学, 2000.

[24] 单佩韦, 李明. 基于 EMD 的自相似流量 Hurst 指数估计[J]. 计算机工程, 2008,34(23): 128-129.

[25] 赵运弢. 基于流量相关性的 CCSDS 空间数据系统复用及优化关键技术研究 [D]. 南京：南京理工大学, 2013.

[26] 谭维炽, 顾莹祺. 空间数据系统[M]. 北京：中国科学技出版社, 2008.

第2章　CCSDS空间数据系统特性分析

2.1　引　言

CCSDS的宗旨是建立一个全球范围的、开放的与CCSDS标准兼容的空间数据系统，用于国际交互支持、合作和空间信息交互服务。本章重点对CCSDS空间数据系统主网模型、CCSDS星载数据系统、地面数据系统进行分析，对CCSDS空间数据系统业务等级及业务类型进行深入研究，并结合CCSDS空间链路子网，系统地分析了AOS虚拟信道链路控制子层和虚拟信道存取子层的工作过程。

2.2　CCSDS空间数据系统主网模型

CCSDS主网（CCSDS Primary Network，CPN）是CCSDS AOS空间数据系统中最重要的概念，CPN是为空间任务用户提供端到端数据流的处理网络，起到空间数据管理系统的作用，包括在空间轨道上的星载/地面数据系统和空间链路子网（Space Link Subnetwork，SLS）。空间链路子网将星载数据系统与地面数据系统或另一轨道上的星载数据系统网络连接在一起，进而与扩展的星载网络（如深空网络、行星际互联网等）和扩展的地面网络（如专用地面网、互联网等）相连接，其结构如图2.1所示。

CCSDS在AOS建议中规定了穿过空间链路子网进行数据传送的业务和协议，对星载数据系统和地面数据系统及网络的内部结构、采用协议以及扩展网的业务并不限制，也可延伸使用AOS的协议和业

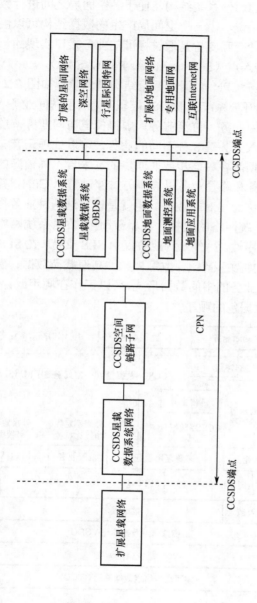

图 2.1 CCSDS CPN 结构

17

务。AOS 希望提供的通信系统结构能便于各空间局之间进行数据传输的交互支持，也就是说，由一个空间局产生的数据结构可以由另一空间局代为发送，这种交互支持是通过标准的业务接口实现的，该接口称为 CPN 的业务接入点（Service Access Point，SAP）。

典型的空间任务 CPN 数据业务流结构概念模型如图 2.2 所示，CPN 采用了 ISO 的开放系统互联 OSI 模型，提供了网间业务、路径业务、包装业务、复用业务、位流业务、虚拟信道访问业务、虚拟信道数据单元业务、插入业务等 8 种不同的业务，可以处理语音、图像、电视、科学实验数据等各种同步或非同步的、来自不同信源的复杂数据。其中的网间业务和路径业务以异步方式穿越整个 CPN，并位于网络层之上，因此，称为端对端业务。也就是说，这两种业务需要 SLS 和星载/地面数据系统网络的支持，在星载/地面数据系统网络中将不再保持数据包的顺序性。另外 6 种业务仅由 SLS 支持，在 SLS 内部提供点到点的应用，如数字音频、数字视频、高速载荷数据、磁记录重放以及路径和网间业务的中间数据形式，可以工作在同步或异步模式，而且 SLS 将保持数据包的顺序性。

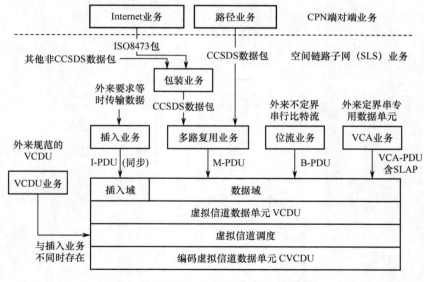

图 2.2 CCSDS AOS 业务和数据流模型

18

CCSDS 的 Internet 业务，又称为互联网业务或网间业务，遵从 ISO 8473 无连接网络协议，它的业务数据单元长度可变，主要用于间歇性的数据传输，其数据率相对较低，数据量属于低到中的水平，往往需要 ISO 高层协议和地面网络的支持，一般用于支持实时交互式命令和控制操作、文件传输、电子邮件或远程终端访问等。用于在 CPN 的星上和地面网络之间传输交互数据。

路径业务主要用于在比较固定的源与目的地之间传输数据，例如有效载荷的测量数据或遥测数据等，其数据速率属于中到高，数据量较大。路径业务采用 CCSDS 版本 1 的源包作为业务数据单元，长度可变，用户数据可以是已经封装好的源包，也可以是字节流，由 AOS 包装业务将其封装为源包。

SLS 是 CPN 的核心，CCSDS 定义了完整的协议机制，能够支持数据在 SLS 内部的传输和交互支持。SLS 中一个非常重要的概念是"虚拟信道"，它使多个有不同业务要求的高层数据流能够共用一个物理空间信道，称为一个虚拟信道。每个虚拟信道有自己的标识，提供一定的业务等级。为了在低信噪比的信道上实现可靠、简单和健壮的同步数据传输，在虚拟信道上传输的数据流通常被划分为长度固定的协议数据单元，每个数据单元的起始有一个同步标志，这些数据单元称为虚拟信道数据单元（Virtual Channel Data Unit，VCDU），经过编码的虚拟信道数据单元称为编码虚拟信道数据单元（Coded Virtual Channel Data Unit，CVCDU）。VCDU 和 CVCDU 的结构中均包含一个头和尾，用来提供空间链路协议控制信息，中间是长度固定的数据域，用于运送高层的用户业务数据单元。VCDU/CVCDU 的数据格式如图 2.3 所示。

在 SLS 支持的 6 中业务中，包装业务将长度可变的字节流型的用户业务数据单元，或不符合 CCSDS 定义的数据结构信息封装成适合于 SLS 传输的 CCSDS 版本 1 源包，这种版本 1 源包就是包装业务数据单元。

路径业务与包装业务的协议数据单元都是版本 1 的源包，但是这两种业务不是在同一层次上的，例如同时遥测数据，如果是在 SLS 同一子系统内，则由包装业务进行包装，如果是来自其他子系统通过本空间链路，则是路径业务。所以向路径业务提供数据的同时还需指定路径。

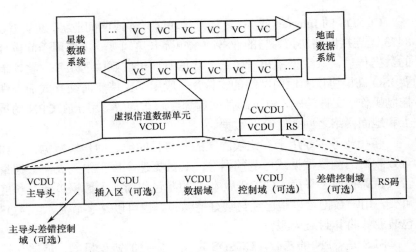

图 2.3 星载/地面数据系统 VCDU/CVCDU 的数据格式

复用业务（又称为多路业务）使不同用户的业务数据单元可以在同一虚拟信道上传输。它可以接收包装业务和路径业务的数据单元，将这些长度可变、符合 CCSDS 版本 1 源包格式的业务数据单元集合在一起，组成长度固定，而且正好符合一个虚拟信道数据单元数据域长度的数据块。这些不同的业务数据单元由包导头中的应用过程标识符区分，在接收端，根据该标识符和包长度标志可以恢复出独立源包。

比特流业务面向的是比特流型的数据，这些数据的内部结构和划分对 CPN 是透明的。比特流业务将 SLS 用户的比特型数据流划分为适合虚拟信道数据单元数据域长度的块，有时为了符合这种固定长度的要求，还需要填充一些数据，在接收端则需去除这些填充数据，这一过程对上层用户来说是透明的。不同用户的比特流数据不能多路到同一虚拟信道上传输，比特流业务一般采用异步或等时传输，将保持数据的顺序性，例如高速率图像数据的传输可以采用等时的比特流业务。

虚拟信道访问业务用于传送专用业务数据单元，它的长度正好符合虚拟信道数据单元数据域大小，而其内部结构则不为 CPN 所知，CPN 要做的就是把这种业务数据单元直接填充到虚拟信道数据单元然后传送。

虚拟信道数据单元业务通过 SLS 传输不同用户的长度固定、面向

20

字节的 VCDU 或 CVCDU。

插入业务使用专用字节型低速业务数据单元能够高效利用 SLS 信道进行等时传输。插入业务数据单元放在每一虚拟信道数据单元的插入域中，与其他类型的业务数据单元公用同一 VCDU 或 CVCDU 传输。CCSDS 建议数据率如果低于 10Mbit/s，可以考虑采用插入域进行等时传输；速率高于 10Mbit/s 的等时数据适合采用比特流业务用专门的虚拟信道传输。使用等时插入业务的典型例子有中等速率的语音数据的传输、远程操作控制等。如果在一个信道上使用了插入业务，该信道上的所有虚拟信道数据单元都必须保留插入域。为了降低实现复杂度，CCSDS 还建议插入业务与虚拟信道数据单元业务不在同一物理信道上同时使用。

2.3　CCSDS 星载数据系统

星载数据系统（Onboard Data System，OBDS）是空间数据系统重要的组成部分。从一个独立的航天器看，星载数据系统是信息中枢，它担负着航天器数据管理、星地上下行数据通信以及星间通信的任务，从空间网络看它是空间的移动数据节点，承担着空间数据的汇集、处理、提升、路由转发和数据分发等功能。

在星载数据系统结构中，以星载计算机/微处理器网络为核心，有效载荷、电源、姿态轨道控制、热控、结构等各分系统以及共享存储器、共享服务器单元通过通用型网络接口基本服务结点（Essential Service Node，ESN）与星载数据系统网络相连构成星载数据系统的物理结构。星载数据流的组织分为两部分：一部分是高速率的有效载荷数据，他们通过 CCSDS 的 AOS 高级在轨系统协议组织成相应格式，然后按照不同的数据类型和传输要求分配不同的虚拟信道，采用适当的调度策略对多个虚拟信道进行合路后通过高速率信道发送；另一部分是低速率的工程数据流，其与常规航天器的工程管理数据流相同，这类数据流既可以使用传统的低速率信道经射频调制后发送，也可以将打包后的数据插入高速有效载荷数据流传输的间隙，与高速数据利用同一信道发送，两个信道可以互为备份。完成虚拟信道调度的功能模块和完成工程数据与指令处理功能的数管单元同样通过 ESN 与星载网络相连，同时，为了提高对卫星在紧急情况下的控制能力，星载仍保留直接命令与数据通道，可以不通过星载计算机接收和执行地面命令。星载数据系统结构示意图如图 2.4 所示。

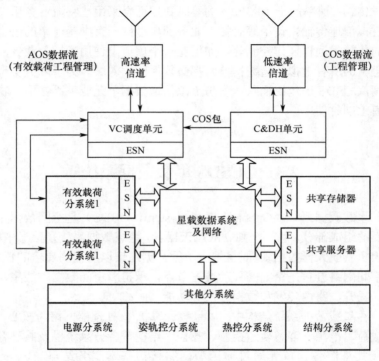

图 2.4　星载数据系统结构示意图

星载数据系统具有以下技术特征：

（1）在拓扑结构上，全星统一联网，在网络基础上建立公用数据库和分布式操作系统的统一管理；

（2）需要实现跨越分系统的数据共享和交互支持，卫星系统具有容错重组功能并进行一体化管理；

（3）在数据协议方面，数据系统的实现以 CCSDS 建议为标准，整个系统采用国际开放互联结构，能够用 AOS 协议统一组织星上数据流；

（4）应用过程数据的管理、面向数据路由选择以及面向数据传输提供全面服务；

（5）数据系统的结构趋向标准化、硬件模块化、软件集成化以及使用多软件共享硬件模块成为星载数据系统的物理实现方式。

星载数据系统的三大要素是通信、共享和交互支持，其中通信是基础。它是目前测控与星载数据管理系统（Onboard Data Handling System，OBDH）的进一步发展和提高。星载数据系统由各类航天器组成，典型航天器一般包括在轨大型卫星、载人航天器、微小卫星等。各航天器采用的 CCSDS 标准及程度各不相同。

1. 在轨大型卫星

在轨大型卫星指的是大型通信卫星、导航卫星、数据中继卫星和各种对地观察卫星等。在这些卫星上实施 CCSDS 标准使其具有动态自适应优化的系统性能，满足具有星载计算能力的数据管理要求；把服务平台和有效载荷数据统一组织起来，从而使地面测控系统与地面应用系统互补，简化星上信道，提高卫星与地面通信监控的有效覆盖率；采用 CCSDS 标准，只要在地面站统一射频频率测控站与应用站都可以进行测控及接收遥感数据。在 AOS 的 8 种业务中，星载有效载荷数据如果是图像或其他通信信息，一般采用位流业务；如果是导航数据推荐采用 VCA 业务，低速率工程数据采用包装业务或路径业务。在三种等级的业务中，一般来说目前第三级业务的性能已满足卫星业务要求，即加导头 RS 码以保证 VCDU 的正确识别和分发，用 CRC 校验保证数据域的正确。

对通信卫星，上下行信道应保持对称，因此，采用 AOS 高级在轨系统标准。如果保留有 S 频段，将保留分包遥控或 PCM 遥控的独立信道。对导航卫星（如果不同时担负通信业务）和对地观察卫星等非对称链路，采用分包遥控或 PCM 遥控的上行链路。遥控操作的反馈途径有 4 种：

（1）通过独立 S 频段下行分包遥测或 PCM 遥测；

（2）通过 AOS 下行信道的 VCDU 插入业务；

（3）通过 AOS 的 SLAP 过程，即在操作控制域传送 LACW 反馈字；

（4）把反馈信息打包成源包传送。

2. 载人航天器

载人航天器主要指空间实验室、空间站以及运输飞船等。与在轨大型卫星相比，复杂性更高，而且由于增加了宇航员系统，人工操作计算机网络加入到数据系统范畴。由于存在宇航员，需要通过空间链路与互联网的连接，完成各种网络功能，载人航天器中采用了包括互联网业务在内的 8 种 AOS 业务。

3. 微小卫星

微小卫星在数据系统体制上易采用 CCSDS-AOS 体制，从而能够统一管理平台与有效载荷数据，将包装业务、多路复用业务和位流业务作为三种基本业务，VCA 业务和插入业务作为扩充业务，较少适用路径业务、互联网业务和 VCDU 业务。同时由于微小卫星以星座或编队的方式在轨运行，所以自主管理能力较高，而且地面对其实施多星管理，采用伪码扩频和伪码测距等技术手段。在数据体制上，同样与 AOS 标准统一，把航天器地址（SCID）、虚拟信道地址（VCDU-ID）、应用过程地址（APID）和物理信道地址（LINK ID）统一规划。

CCSDS 提出了"空间数据系统"概念，并致力于在全世界建立一个星-地、星-星的立体化网络，统一空间数据交换的标准，从而获得广泛交互支持的利益。与此相应，在每一个航天器上也应该建立一个星载数据系统，在航天器内部统一管理数据的传输、处理与利用。

2.4 CCSDS 地面数据系统

CCSDS 空间数据系统包括地面部分，如地球站和地面信息中心，要实现交互支持涉及到支持航天器操作的所有数据传输和处理环节，CCSDS 地面数据系统具有重要作用。地面数据系统不仅局限于地面测控系统，在 CCSDS AOS 高级在轨系统中，航天器平台数据与有效载荷数据合成统一数据流。因此，以测控地球站和地面测控中心为主体的地面测控系统，与以应用地球站和地面应用信息中心为主体的地面应用系统，可以互联融为一体。扩展的地面网络，包括通用互联网或专用数据网，被广泛用于空间数据系统地面部分的互联。由于 CCSDS 空间数据系统的标准化，使各种测控站和应用站可能合一，成为空间网络与扩展地面网络互联的网关站，完成网络协议的转换。授权地面用户只要与地面公众网络连接，即可实现对航天器的远程监控操作。对航天器在轨运行的长假期管理可以通过三种方式互补完成：

（1）测控中心通过测控地球站进行监控的传统方式；

（2）主要由地面应用系统自主管理，也可以同时借助测控地球站；

（3）各用户的自主管理，配合应用系统或测控系统。

在 CCSDS 地面数据系统中，要实现分属不同空间组织的地面设施（包括地球站和地面信息中心）及地面测控系统、地面应用系统等的之间的互操作，其标准的接口和协议是实现高效率交互支持的前提。CCSDS 采用 SLE（Space Link Eextension）业务用于对地面通信支持和数据中继等的地面通信业务和地面域业务。CCSDS SLE 业务还包括空间数据系统在地面站、控制中心以及终端用户之间的传输，也包括与这些数据传输和调度相关的管理业务。SLE 业务的目的是在地面建立一套传输和管理空间数据的标准接口，这样就避免在不同任务型号或不同地面设施之间建立专业而且复杂的通路，支持用户通过普通网络来对有效载荷进行操作或完成对空间数据的访问，可以使完成交互支持所需的技术、管理和操作成本得到最大程度的消减。

CCSDS 地面数据系统 SLE 的数据传输可以分成三类：返向 SLE 业务、前向遥控 SLE 业务和前向 AOS SLE 业务。SLE 业务需要由一系列基本功能模块构成，这些功能模块不能再进行进一步的功能分解，从实现的角度来看，一个完整的功能可以由分散在不同实体中的小模块完成；这种功能模块的组合模型称为 SLE 复合块，它可以部分或完整地完成一个 SLE 业务，复合块中的一个或多个功能模块也可以由不同机构完成。一个 SLE 系统通常由若干个 SLE 复合块构成，它们之间相互协作，共同完成空间任务所需的 SLE 业务。如图 2.5 所示。

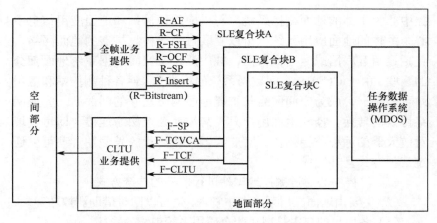

图 2.5　CCSDS 地面数据系统 SLE 模型

2.5　CCSDS 空间链路子网 SLS

　　两个航天器之间或者航天器与地面之间的数据链路构成了空间链路子网。空间链路子网（SLS）是 CPN 的重要组成部分，它除了支持路径业务数据单元和网间业务数据单元通过空-地和空-空信道进行的双向传输以外，本身提供包装业务、复用业务、位流业务、虚拟信道访问业务、虚拟信道数据单元业务、插入业务 6 种业务，并且 SLS 数据链路层又分为两个子层。

2.5.1　SLS 业务子层

　　空间链路（Space Link，SL）层对应于 OSI 模型中的数据链路层，它与数据链路层和物理层关系如图 2.6 所示。空间链路层可以分成两个子层：虚拟信道链路控制子层 VCLC 和虚拟信道存取子层 VCA。每个 SLS 用户通过 SL 业务访问点 SL_SAP 访问 SL 层子网。SL 层有两种多路方式：VCA 子层提供虚拟信道 VC，使多个用户可以同时使用同一物理信道；VCLC 子层使不同用户封包数据多路到同一虚拟信道上。

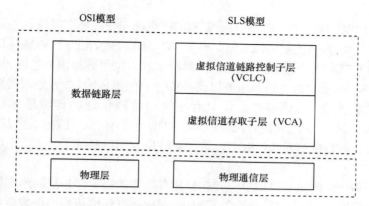

图 2.6 空间链路层与 OSI 分层模型比较

1. VCLC 子层

VCLC 子层服务通过 VC 使用 VCLC 协议数据单元 VCLC_PDU 传输 VCLC 业务数据单元 VCLC_SDU，VCLC_SDU 可以是可变长度的、有界的、按字节排列的已打包好的数据或者是位流数据。可变长度的有界 SDU 复用于 VCLC_PDU 上通过相同的 VC 传输，与不同 SLS 用户相关的有界 SDU 使用不同的"包信道"使得多个不同的 SLS 用户可以访问同一个 VC，多路复用机制使用 1 版本 CCSDS 包，包信道使用 CCSDS 包头部分的 APID 进行识别。

符合 1 版本 CCSDS 包格式的可变长度有界的 SDU 可以使用复用服务进行传输，其他格式的 SDU 使用封装服务进行传输。位流业务直接装入 VCLC_PDU 中。而可以同时在一个 VC 上使用的组合是封装服务和复用服务。

2. VCA 子层

VCA 子层为使用虚拟信道协议数据单元 VC_PDU 通过空间物理信道传输虚拟信道访问业务数据单元 VCA_SDU 提供 VCA 服务。为了使在信号强度弱、噪声大的空间信道上传输 VC_PDU 的同步机制变得容易，VC_PDU 及 VCA_SDU 在一个具体的物理信道上都是固定长度的，具体的长度结合应用而定。

VC_PDU 所使用的 CCSDS 数据结构为 VCDU 和 CVCDU，并且 VCDU 和 CVCDU 在具体的物理信道上都是相同长度的。CVCDU 除了使用 RS 编码外，还可以启用 VCDU 头部差错控制字段或使用附加的 VCDU 差错控制字段 CRC。一个 VC_PDU 只包含一个 VCA_SDU，使用 VCDU 标识字段（包括航天器标识和虚拟信道标识）进行识别。

VCA 子层提供插入服务以支持数据的同步传输（如音频或遥控操作控制信息），该服务通常只有在空间物理信道的传输速率较低（10Mb/s 以下）才使用。在每个 VC_PDU 中都存在一个插入区以存放插入业务数据单元 IN_SDU，这样同时也为用户提供了一个固定的同步时隙。

每一个固定长度的 VC_PDU 都有前置的同步标志从而形成信道访问数据单元 CADU，多个 CADU 形成物理信道访问协议数据单元 PCA_PDU，使得 VCA 子层可以访问物理信道层。在物理信道上传输的 PCA_PDU 在 VCA 子层通过一个链路标识（LinkID）进行识别，此处的链路标识实质上是 VCA 子层服务的命名机制，该命名机制中也可以包含与特定的 PCA_PDU 相关的属性，如速率、VCDU 标识、版本号、传输序列号、长度等。

2.5.2 SLS 业务等级

SLS 业务为了满足不同的服务质量要求，结合 CCSDS AOS 纠错和检错编码建议，在 SLS 传输数据时提供了 3 种不同质量的业务。

1. 三级业务

传输依赖于物理信道的性能，数据传输采用 VCDU，头部有 RS(10, 6)纠错码控制，数据段 CRC 检错，要求 VCDU 的丢失率$<10^{-7}$。

2. 二级业务

数据传输采用编码虚拟数据单元（CVCDU），数据单元编码为 RS 纠错码，要求 CVCDU 的丢失率$<10^{-7}$。

3. 一级业务

数据传输采用 CVCDU，数据单元编码为 RS 纠错码。有 ARQ 重传控制机制，需要双工信道，通过两个虚拟信道来控制数据传输要求 CVCDU 的丢失率$<10^{-12}$。

SLS 为 VCDU 数据提供的是等级 3 的业务，即其传输依赖于物理信道的性能而且可以不用差错控制；如果将 VCDU 的数据进行 RS 编码后形成 CVCDU，则是第 2 级业务，即其传输使用 R-S 编码进行控制；对于第 1 级业务，在 VCA 内提供了链路重传 ARQ 过程，这些数据装在提供 R-S 差错控制的 CVCDU 内，由 ARQ 规约扩充以保证其完整性。第 2、3 等级业务可能不保证数据的完整性，但三种等级业务都要保证数据的顺序性。三种业务等级所采用的差错控制机制如表 2.1 所示，其中 M 指必须的；O 指可选的；O/M 指一般情况下可选，特殊情况下必须的；n/a 指不需用的。

表 2.1　SLS 各业务等级需要的差错控制方法

业务等级	VCA ARQ	VCDU R-S 编码	VCDU 头部差错控制	VCDU 差错控制字段
等级 1	M	M	O/M	O
等级 2	n/a	M	O/M	O
等级 3	n/a	n/a	M	M

　　这三种服务等级是专为 SLS 定义的服务等级，与端到端的服务等级有所差别，即不适用于网间服务和路径服务。CCSDS AOS 业务与所支持的服务等级如表 2.2 所示。

表 2.2　SLS 各业务与所支持的业务等级关系

业务等级	1		2		3	
传输类型	同步	异步	同步	异步	同步	异步
复用和封装业务	√	√	√	√		
位流业务			√	√	√	√
VCA 业务	√	√	√	√	√	√
VCDU 业务			√	√	√	√
插入业务			√	√		

　　通过对不同业务特性的提取，划分出服务质量等级，区分开了实时性要求高、可靠性要求低的语音、视频业务以及对可靠性要求有差别的数据业务的服务质量特性，不仅满足了各类业务传输的服务质量要求，并且在一定程度上可以减小系统的开销。

2.5.3　SLS 业务种类

　　SLS 提供的业务种类共 6 种：包装业务、多路复用业务、位流业

务、虚拟信道访问（VCA）业务、虚拟信道数据单元（VCDU）业务、
插入业务。

1．包装业务

包装业务，又称为封装业务，主要为端到端网间业务服务，包装
业务将不符合 CCSDS 结构的，但有界的、按字节排列整齐的数据包
封装成 CCSDS 源包，这种需要包装的数据称为包装业务数据单元
（Encapsulation Service Data Unit，ESDU）。把 ESDU 封装后称为包装
协议数据单元（Encapsulation Protocol Data Unit，EPDU），其长度可
变，以字节为单位，最大长度为 65536 字节，实际大小根据系统设计
需求而定。EPDU 的格式如图 2.7 所示。

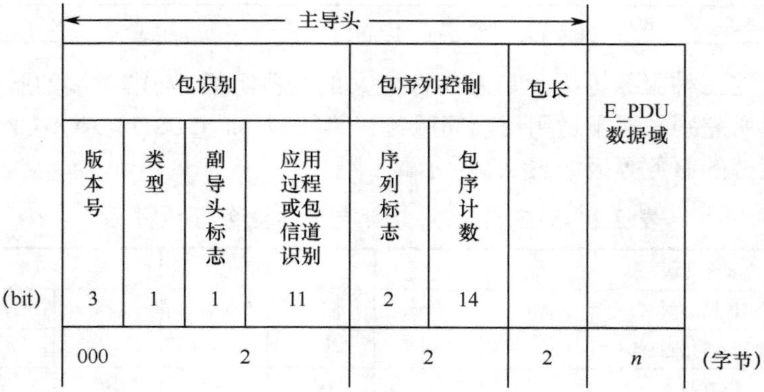

图 2.7　EPDU 格式

EPDU 使用标准 CCSDS 包结构，不需要副导头，该字段值为'0'；
不需要顺序标识字段，其值为'11'；包序计数字段值最大值为
$2^{14}-1=16383$；允许那些任意格式的 SDU 在被封装成标准 CCSDS 包后
再多路复用到虚拟信道中。

包装业务使用两种原语：E 单元数据请求和 E 单元数据指示。请
求原语由高层用户向 VCLC 子层发送，表明请求包装一个 ESDU，并
将其多路到一个 VC 上发送。指示原语是 VCLC 子层向高层的反馈信
号，表明自己收到了一个 ESDU。如表 2.3 所示。

30

表 2.3　包装业务原语及参数

源　语	参　数	备　注
包装单元数据请求	ESDU VCDU-ID PCID	ESDU：包装业务数据单元，是不符合 CCSDS 源包格式但界限明确的字节流，其内容和格式对 VCLC 子层透明。 　PCID：包信道标识符，区分一个虚拟信道上不同的 E_SDU 和 M_SDU 的 VCLC 子层业务接入点，用包导头中的应用过程标识符（APID）表示。 VCDU-ID：虚拟信道数据单元标识符，由飞行器标识符（SCID）加上虚拟信道标识符（VCID）构成。 　E_SDU 丢失标志：是可选参数，用于通知 VCLC 子层包装业务目的端，用户数据的连续性遭到破坏，有一个或多个 ESDU 数据丢失。
包装单元数据指示	ESDU VCDU-ID PCID E_SDU 丢失标志（可选）	

2. 多路复用业务

多路协议数据单元（Multiplexing Protocol Data Unit，MPDU）如图 2.8 所示，它由 MPDU 导头和 MPDU 包域构成。MPDU 的长度是固定的，正好能放入一个虚拟信道协议数据单元（VC_PDU）固定数据域中，MPDU 中的 SDU 可能是 EPDU，也可能是 MSDU，它们都符合标准 CCSDS 源包格式。MPDU 导头中的首导头指针直接指向第一个 SDU 的起始位置，根据 SDU 中包长度的标志就可以区分出每个独立源包的位置。

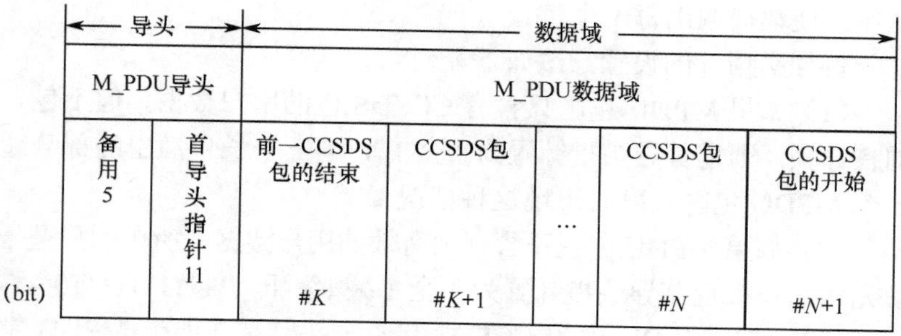

图 2.8　MPDU 格式

如图 2.8 所示，MPDU 的构造是把 CCSDS 包格式的数据单元级联在一起，直到超过 MPDU 包区的长度。MPDU 包区的第一个包和

31

最后一个包不一定是完整的。任何超过 MPDU 包区长度的 CCSDS 包将被分割，即把 MPDU 填满后，再把 CCSDS 包余下的部分填到此虚拟信道的下一个新的 MPDU 中。如果从用户得不到足够的业务数据单元，多路复用功能可以产生适当长度的格式为 CCSDS 的填充包，填入 MPDU 中，填充包的格式及各域含义同 CCSDS 包。其中 APID 为"全 1"，包序列计数为"全 0"，最短的填充包长度为 7 字节（6 字节导头，1 字节填充数据），如果一个 MPDU 中所需的镇充数据小于 7 字节，则产生一个长为 7 字节的填充包，此包填满这个 MPDU，然后溢出到下一个 MPDU 中。由设置的 MPDU 导头域的首导头指针指示出第一个完整的 CCSDS 包的位置，然后由各包长字段划定其边界，这样在接收端可方便地提取 MPDU 包区的各个 CCSDS 包，实现包的分路。路径业务直接提供与复用业务兼容的 SDU，网间业务必须首先通过封装业务将其 ISO 8473 PDU 打在 CCSDS 包中，然后复用业务进行 P_SDU 与 I_SDU 的混合，在共同的虚拟信道上传输。

MPDU 的长度与 VCDU 对应，为固定长。

1）备用位在 CCSDS 中通常没有定义，为 00000。

2）首导头指针

首导头指针的作用是指示出此 MPDU 包区的第一个完整包主导头的第一个字节位置，这样在接收端，根据此指针值及 CCSDS 包的包长度域，就能方便地确定 MPDU 包区的各个 CCSDS 包边界的位置，从而方便地提取出每一个包。

首导头指针的设置方法如下。

（1）如果 MPDU 包区只含有 CCSDS 包的用户数据，但不包含包的首导头，则把首导头指针置为"全 1"，当一个长包溢出的部分超过一个 MPDU 包区长度时出现这种情况。

（2）如果 MPDU 包区不含任何有效的用户数据，所含的只是一个填充包，那么把首导头指针置为"全 1 减 1"，即"11111111110"。

（3）如果 MPDU 中的 CCSDS 包首导头割裂在两个 MPDU 中，即 CCSDS 包首导头始于 MPDU(x)包区的末端，并溢出到同一个虚拟信道上的 MPDU(x+1)中，则由 MPDU(x)的首导头指针来指示这个包导头的位置，置 MPDU(x+1)首导头指针时，则不管被割裂的包导头的剩余部分，而置值指示此剩余部分后的新的 CCSDS 包导头的起始位置。

与包装业务使用的原语类似，多路复用业务的原语也分成同样的两类，请求原语用于用户向 VCLC 子层请求把自己的 MSDU 多路到虚拟信道并发送，指示原语是 VCLC 子层向用户反馈收到了 MSDU，如表 2.4 所示。

表 2.4　多路复用业务原语及参数

源　　语	参　　数	备　　注
多路单元数据请求	MSDU VCDU-ID PCID	MSDU: 符合 CCSDS 源包格式，VCLC 子层了解并使用其导头的内容和格式。
多路单元数据指示	MSDU VCDU-ID PCID	

3. 位流业务

比特流协议数据单元（BPDU）格式如图 2.9 所示。由 BPDU 导头加上 BPDU 比特流数据域组成，其长度固定，正好放入一个 VC_PDU 固定长度的数据域中。比特流在组成固定长度的 BPDU 时，可能出现数据不足需要填充的情况，比特流数据指针是区分有效数据和填充数据的手段。它指出 BPDU 比特流数据域最后一个有效数据比特位置。如果数据域中没有填充数据，则指针设为全"1"；若全为填充数据，则指针设为"全 1 减 1"，即"11111111111110"。

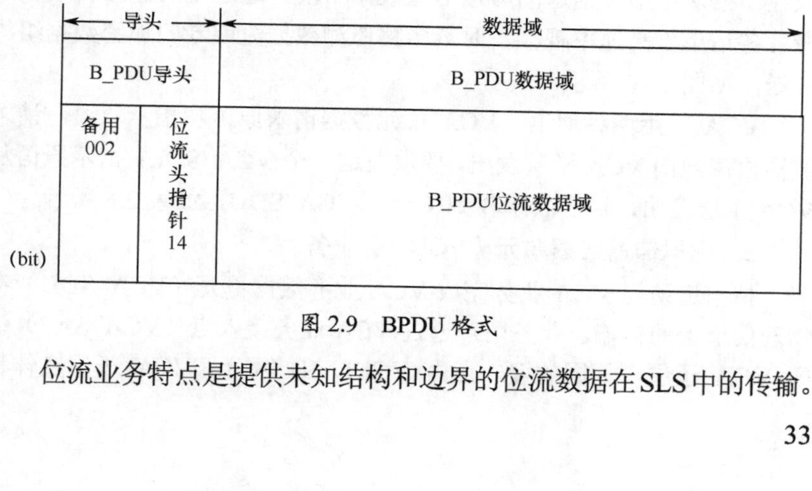

图 2.9　BPDU 格式

位流业务特点是提供未知结构和边界的位流数据在 SLS 中的传输。

它不与其他的服务在同一个虚拟信道内传送，每个虚拟信道仅对应一个位流数据源。利用这种业务可通过 SL 传送用户定义的位串。其内部结构和边界对数传系统为未知或保密，外来位串逐位置于 VCDU 的固定长度数据段，再通过虚拟信道传输。这种业务主要用于高速固定时延的数据，如航天器上磁带重放数据、高速视频数据及单双向语音数据和保密数据的传送。比特流业务的请求原语是用户向 VCLC 子层请求发送比特流数据，指示原语是 VCLC 子层的反馈信息，如表 2.5 所示。

表 2.5　比特流业务原语及参数

源　语	参　数	备　注
比特流数据请求	比特流数据 VCDU-ID	比特流数据：无界限划分的比特流格式数据，VCLC 子层不了解其内容和具体格式。
比特流数据指示	比特流数据 VCDU-ID 比特流数据丢失标志	比特流数据丢失标志：是可选参数，用于通知 VCLC 子层比特流业务的目的端，用户数据的连续性遭到破坏，有比特流数据丢失。

4. 虚拟信道访问（VCA）业务

如果系统要求采用一级业务，VCA 还需激活内部空间链路 ARQ 操作（SLAP），SLAP 是一种重传控制操作，VCA 业务的功能还包括对 VC_PDU 排序，给它们加上同步标志，并使用物理信道层业务发送 VC_PDU。VCA 让用户独享一个专用虚拟信道的数据域，传输自定义的定界数据块。将长度固定、格式未知、由用户提供的专用数据单元，放在一条专用虚拟信道的虚拟信道数据字段，通过空间链路传输。这种业务适用于高速率视频、时分多路遥测数据流或专门加密数据组的传送，如图 2.10 所示。

VCA 使用两种原语：VCA 单元数据请求原语和指示原语。请求原语由用户向 VCA 子层发出，要求发送一个 VCA_SDU；指示原语从 VCA 子层发出，用于表示收到了一个 VCA_SDU，如表 2.6 所示。

5. 虚拟信道数据单元（VCDU）业务

拟信道访问 VCA 业务完成 VCA 业务数据单元（VCA_SDU）在物理信道上的传输。业务用户通过 VCA 业务接入点（VCA_SAP）访问 VCA 子层，不同的接入点由 VCDU_ID 区分。VCA 子层实体将

VCA_SDU 构造成 VC 协议数据单元（**VC_PDU**，具体为 **VCDU** 或 **CVCDU**）。虚拟信道数据单元 VCDU 业务保证用户的 VC_PDU（VCDU/CVCDU）能够通过物理信道传输，VCA 子层不对 VCDU 做进一步处理。用户通过 VCA_SAP 访问 VCA 子层，不同的接入点由 VCDU_ID 区分。VCA 子层负责将用户自己产生的 VC_PDU 和由子层产生的 VC_PDU 多路在一起，加上同步标志，利用物理信道层业务发送。VCDU 主导头结构如图 2.11 所示。

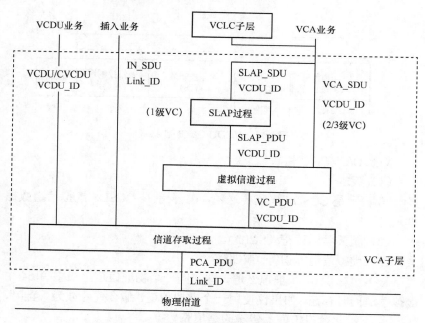

图 2.10　VCA 子层业务数据流程及内部结构

表 2.6　VCA 业务原语及参数

源　　语	参　　数	备　　注
VCA 单元数据请求	VCA_SDU VCDU-ID	VCA_SUD：VCA 业务数据单元，是 VCA 业务用户交给某一特定 VC 的业务数据单元。
VCA 单元数据指示	VCA_SDU VCDU-ID VCDU 丢失标志	VCDU 丢失标志：用于通知目的端，VCA 业务用户序列完整性不能保证，有一个或多个 VC_PDU 丢失。与包装业务和比特流业务中的类似标志不同，VCDU 丢失标志是必须的。

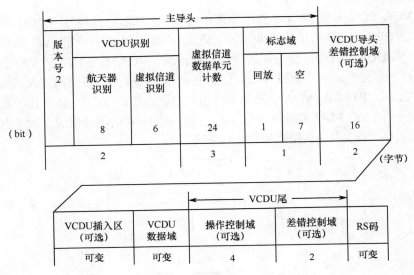

图 2.11　VCDU/CVCDU 格式

VCDU/CVCDU 格式如下。

（1）版本号。

00 表示是 CCSDS 遥测传送帧，01 表示是 CCSDS 虚拟信道数据单元。

（2）航天器标识符（SCID）。

（3）虚拟信道标识符（VCID）。

最多可标识 64 个虚拟信道，即在同一个物理信道上最多有 64 个虚拟信道同时存在。如果仅使用一个虚拟信道，那么置此域为"全 0"，"全 1"表示此虚拟信道上传输的是填充数据。

（4）虚拟信道数据单元计数器与 VCID 相结合，用来对每个虚拟信道进行单独计数，其值为以 $2^{24}=16777216$ 为模的结果。

（5）回放标志主要用于辨别此虚拟信道数据单元的数据是实时数据还是回放数据：设置 1 表示回放数据，设置为 0 表示为实时数据。

（6）VCDU 数据域用来存放 MPDU 或 BPDU。

VCDU 业务使用两种原语：VCA_VCDU 请求和指示，前者是用户向 VCA 子层请求发送一个 VCDU 或 CVCDU，后者是 VCA 子层表示收到了一个用户的 VCDU 或 CVCDU，如表 2.7 所示。

表 2.7　VCA 业务原语及参数

源语	参数	备注
VCA_VCDU 数据请求	VCDU/CVCDU VCDU-ID	VCDU/CVCDU: 虚拟信道数据单元或编码虚拟信道数据单元,在虚拟信道数据单元业务中,VCDU/ CVCDU 是用户交给 VCA 子层实体的业务数据单元。
VCA_VCDU 数据指示	VCDU/CVCDU VCDU-ID	

6. 插入业务

插入业务一般用于低数据率传输,特别适用于空间链路在低速固定时延数据传输音频、语音操作时,对长度固定的插入业务数据单元(IN_SDU)提供在物理信道上等时传输服务,IN_SDU 装在每一 VCA_PDU 的插入域,插入区长度及是否使用插入业务根据系统需求确定,可以从 1 个字节到虚拟信道协议数据单元的最大长度中任意选择,插入业务与其他业务数据共享同一虚拟信道。图 2.12 给出了插入业务与其他业务的关系。

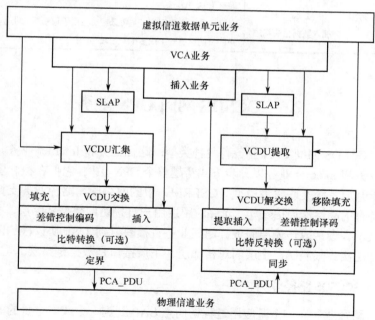

图 2.12　插入业务与其他业务关系

其中 PCA_PDU 物理信道协议数据单元由一系列长度相同的信道访问数据单元（CADU）组成，CADU 由 VC_PDU（VCDU/CVCDU）加上同步头组成，为了增加比特跳变，VCDU/CVCDU 先与比特跳变器进行异或。

插入业务使用两个原语：插入请求和插入指示。前者由用户向 VCA 子层发出，要求发送一个 IN_SDU；后者由 VCA 子层发出，表明收到了一个 IN_SDU。其原语及参数如表 2.8 所示。

表 2.8　插入业务原语及参数

源　　语	参　　数	备　　注
插入请求	IN_SDU Link_ID	IN_SDU：插入业务数据单元，是插入业务用户交给所有 VC 的业务数据单元，具有等时、面向字节、长度固定的特点。 Link_ID：插入业务用于区分包含 VC_PDU 物理信道业务访问协议数据单元（PCA_PDU），在这些 VC_PDU 中装有 Link_ID。
插入请求	IN_SDU Link_ID 插入数据丢失标志	插入数据丢失标志：是可选标志，用于通知插入业务用户的目的端有一个或多个 CADU 丢失。

2.6　CCSDS 网间 CPN 业务

CCSDS 网间 CPN 业务有两种类型：路径业务和 Internet 业务。路径业务和 Internet 业务以异步方式穿越整个 CPN 主网。它们在概念上对应于开放系统互联参考模型（OSI-RM）中的网络层。路径业务支持空间特有的高性能通信结构，允许应用层用户直接访问数据链路层，不需要表示、会话或传输层服务。网间业务直接映射到 OSI 协议栈的网络层，层次界限明确，上层面对传输层，下层接口是数据链路层。

2.6.1　CCSDS 路径业务

路径业务在一个源应用过程访问点 SAP 到到一个或多个目的 SAP 之间提供单向的数据传输，且不保持顺序，不支持交互。路径业务是最常用的网间 CPN 业务，如传输来自有效载荷仪器数据及遥测数据。与地面网络复杂多变的路由相比，路径业务的源与目的地之间的路由是固定的，而且由网络管理预先设计，不同的是路径业务的固定路由用"逻辑数据路径"（Logic Data Path，LDP）区分，每个要穿越 CPN 的源包被贴上一个唯一的"路径标识符"标签，而并不需要标明完整的源和目的地址，路由根据路径标识符和路由表确定源包的下一节点。

路径业务提供两种类型业务：CCSDS 包业务和和字节流业务。若用户提供给路径业务的数据是完整的标准 CCSDS 源包，则不需进一步处理，可以直接作为 CCSDS 路径协议数据单元（CCSDS Path Protocol Data Unit，CPPDU）在 CPN 中传输，这种业务叫作包业务，用户数据单元称为包业务数据单元（Packet Service Data Unit，PSDU）。另一方面，路径业务的数据也可以是字节流，而不是完整的源包，用户不需要将数据封装为 CCSDS 源包，而将封装交由路径层处理，从而降低用户处理复杂度，这种面向用户数据的路径业务叫做字节流业务，用户的数据叫做字节流业务数据单元（Octal Service Data Unit，OSDU）。PSDU 和 OSDU 是 CPPDU 的两种类型，CPPDU 的结构如图 2.13 所示。

2字节				2字节		2字节	可变长	可变长
包识别				包序列控制		包长	副导头（可选）	数据域
版本号	类型	副导头标志	应用过程或包信道识别	序列标志	包序计数			
3	1	1	11	2	14	16		

图 2.13　CP_PDU 包结构

各域的含义如下。

（1）版本号：CCSDS 版本 1 设置为"000"。

（2）类型：在 AOS 中这一位通常不用。而对于 COS，遥测表示为"0"；遥控表示为"1"。

（3）副导头标识：标识副导头是否存在，若存在为"1"；否则，为"0"。

（4）应用过程标识或包信道标识：APID/PCID 通过这 11 位标识逻辑数据路径 LDP。当用户数据为填充数据时设置为全 1，当用户数据是 ISO8473 包时设置为全 1 减 1；0-2031 分配给用户使用，2032-2045 保留。

（5）顺序标志：用于标识一个应用中的大量数据。通常这些顺序标志的含义如下。

00：用户数据是完整的

01：包含用户数据的首部

10：包含用户数据的尾部

11：用户数据的中间部分

（6）包序计数：由特定的逻辑数据路径（Logic Data Path，LDP）生成的计数。在目标端，可根据此计数值对每个包信道上的 CCSDS 包的连续性进行检测。对于包装填充数据的包信道，置此域为"全 0"。

（7）包长：用户数据字节数减 1。

（8）副导头：副导头的内容由源端用户给出，该域不用于填充包。

特别注意的是，在一次任务完成前，相关的 LDP 的 Path ID 的副导头标志和副导头的内容必须保持一致而不能改变。副导头域的作用在于允许用户根据需要，在每个数据报中的相同位置放置特定数据（如时间，内部数据格式，航天器位置/姿态信息等）。

（9）用户数据：包含了用户数据。

2.6.2 CCSDS 网间业务

CCSDS 网间互联网业务用于在 CPN 主网的星载/地面网络之间传输交互式数据，如文件传输、电子邮件、远程终端访问等。CCSDS 网间互联网业务可为空地交互操作提供极大的灵活性，使空间数据系统与地面网络资源无缝连接，但开销大、处理速度和效率较低。

CCSDS 网间互联网业务采用了现有的关于互联网业务定义和协议标准，即 ISO 无连接互联网业务（ISO8348/AD1）和与之相关的规约（ISO8473），即利用了地面互联网高层协议的强大功能，又克服了两者不相适应的问题，并与 OSI 标准子网路由选择技术兼容，支持全球信源/信宿寻址。CCSDS 网间互联网业务将在空间、地面数据系统内传递的 ISO 8473 包封装为 CCSDS 源包，通过空间链路 SL 传送到接收端后，取出并恢复 ISO 8473 包，实现空、地端到端的异构、跨平台系统间的信息交互，消除链路子网间的差别。

CCSDS 网间业务与路径业务的区别如下。

（1）互联网业务终端用户的数量和地址变化范围相对较大；而路径业务主要在相对固定的源与目的地址间传输数据；

（2）互联网业务的数据率及数据量相对低，单一用户的工作期具有间歇性特点，对内部通信协议的通信效率和吞吐量要求不高；

（3）互联网业务能提供适合 OSI 的高层兼容功能，通过使用可变长导头，支持符合 ISO 国际地址划分标准的更丰富的互联网寻址能力；

（4）互联网业务支持分段或路由报告功能。

2.7 本章小结

本章作为对下一章的技术支撑，对 CCSDS 空间数据系统体系架构和特性进行了研究与分析，重点对 CCSDS 空间数据系统主网模型、CCSDS 星载数据系统、地面数据系统进行分析，并结合 CCSDS 空间链路子网，系统的分析了虚拟信道链路控制子层和虚拟信道存取子层的工作过程，从而为后续的多路复用机制研究奠定理论基础，特别是包信道复用效率研究和虚拟信道调度研究提供技术支持。同时，对 CCSDS 空间数据系统业务等级及路径业务、互联网业务、封装业务、复用业务、位流业务、虚拟信道访问业务、虚拟信道数据单元业务、插入业务 8 种业务进行系统分析。

参 考 文 献

[1] Consultative Committee for Space Data System. Space data and information

transfer systems-AOS space data link protocol [R]. Washington D. C: CCSDS, 2007.

[2] Consultative Committee for Space Data System.Overview of Space Communications Protocols [R]. Washington D. C: CCSDS, 2007.

[3] Consultative Committee for Space Data System. AOS Space Data Link Protocol [R]. Washington D. C: CCSDS, 2008.

[4] 谭维炽, 顾莹祺. 空间数据系统[M]. 北京：中国科学技出版社, 2008.

[5] 于志坚. 深空测控通信系统[M]. 北京：国防工业出版社，2009.

[6] Consultative Committee for Space Data System.Space Packet Protocol. Recommendation for Space Data System Standards [R]. Washington D. C: CCSDS, 2003.

[7] Consultative Committee for Space Data System.Space Data Link Protocols-Summary of Concept and Rationale [R]. Washington D. C: CCSDS, 2005.

[8] 张碧雄, 巨兰. CCSDS 建议在深空通信导航中的应用研究[J]. 飞行器测控学报, 2011, 30（增）：26-31.

[9] 赵运弢. 基于流量相关性的 CCSDS 空间数据系统复用及优化关键技术研究[D]. 南京：南京理工大学，2013.

[10] Consultative Committee for Space Data System. Space Data Link Protocols and Summary of Concept and Rationale [R]. Washington D. C: CCSDS, 2007.

[11] 张利萍. CCSDS 在我国航天领域的应用展望[J]. 飞行器测控学报. 2011, 30（增）：1-4.

第 3 章　基于短相关流量下的 AOS
多路复用技术

3.1　引　　言

多路复用协议数据单元 MPDU 作为 AOS 最重要的复用数据单元，将多业务的 CCSDS 数据包封装成标准协议数据格式，其复用效率对下一级的信道利用率及虚拟信道调度都有最直接的影响。本章在空间数据系统两种短相关源包模型的基础上，针对包封装业务及多路复用过程，结合 AOS 包信道多路复用机制，建立了不同缓存条件下的包信道复用成帧模型，并分析了包信道多路复用过程及复用效率，并推导给出了短相关下的复用效率递推关系式，并进行了仿真验证，仿真结果表明理论推导模型与实际复用过程高度拟合。

3.2　AOS 高级在轨系统多路复用机制

3.2.1　两级多路复用

CCSDS 的空间链路子网采用分层结构，由空间链路层和物理层信道构成。空间链路层又由两个子层构成：虚拟信道链路控制（Virtual Channel Link Control，VCLC）子层和虚拟信道存取（Virtual Channel Access，VCA）子层。空间链路层利用多路复用的方法支持多信源多用户信息有效的通过空间链路子网 SLS，它提供两个级别的多路复用：由 VCLC 子层实现的包信道复用和由 VCA 子层实现的虚拟信道复用，如图 3.1 所示。

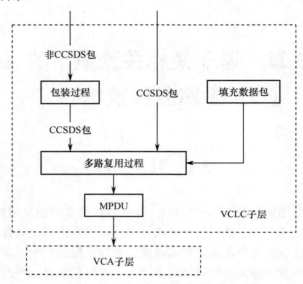

图 3.1　AOS 包业务多路复用示意图

　　VCLC 子层为用户提供三种业务，其中包装业务和多路复用业务与包信道复用有关。进入 VCLC 子层多路复用前端的协议数据单元分为两类，第一类为非 CCSDS 标准包，需经过包装业务格式化为标准 CCSDS 包，再进入多路复用过程；第二类为符合 CCSDS 协议体制的空间数据系统路径业务和其他业务传输的已经格式化的 CCSDS 包，直接进入多路复用过程。

　　空间数据系统两级多路复用应用过程如图 3.2 所示。AOS 首先对不同速率的信源数据进行分类处理。其中，中、低速信源数据经过包封装，标准化为 CCSDS 包，再经过包信道复用形成多路复用协议数据单元 MPDU，之后进入虚拟信道复用；而对相对高速的信源数据，经过信源编码和位处理后，以比特协议数据单元 BPDU 的形式直接进入虚拟信道复用。在包信道复用中，VCLC 子层提供的合路功能将符合 CCSDS 包格式的业务数据单元级连在一个虚拟信道上，使用定长的多路复用协议数据单元 MPDU 传送分包数据，允许在一个虚拟信道上多路传输用户间的各自通信。在虚拟信道复用中，一个物理空间信道被分成若干个分离的逻辑数据信道，每一个逻辑数据信道称作虚拟信道 VC。系统最多可定义 2^8=256 个虚拟信道，每个虚拟信道被赋予唯一的标识。虚拟信道功能允许一个物理空间信道由多个高层次通信流分享，其中每个通信流可以有不同的业务要求。而位流数据单元单独占用一个虚拟信道。

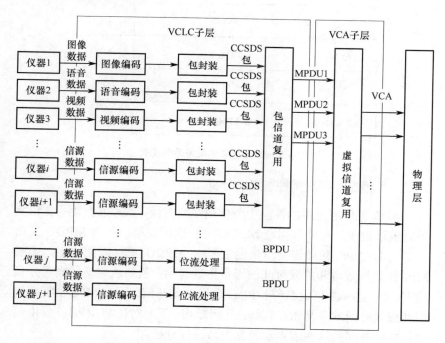

图 3.2　空间数据系统两级多路复用应用框图

3.2.2　AOS 包信道多路复用

多路复用过程把来自多个用户的 CCSDS 包合成在一个公共的数据结构内，形成一个 MPDU，以便在一个虚拟信道上传输。在特定的任务内 MPDU 的长度是固定的，并等于虚拟信道数据单元 VCDU 的数据长度，数据结构变化如图 3.3 所示。这样处理的好处之一是，对于低速率的业务数据，进行数据合并和整合后，以中、高速率进入信道存取时隙时，可以相对提高虚拟信道调度的效率。

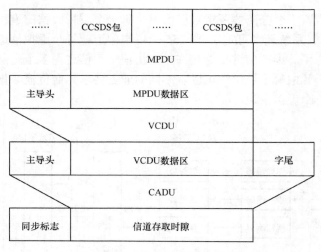

図 3.3 多路复用中数据结构变化

3.2.3 包信道多路复用性能影响分析

AOS 包信道复用的性能主要体现在两方面：效率和延迟。在包复用封装过程中，有效数据占 MPDU 总长度的比率，称为 MPDU 复用效率。而 AOS 包信道复用延迟主要由 MPDU 成帧时间决定。影响 MPDU 复用效率和成帧时间的因素主要包括：包到达速率及概率分布模型、CCSDS 源包效率和 MPDU 数据单元开销。同时 MPDU 复用效率和成帧时间本身又相互制约，互相影响。下面对影响 MPDU 复用效率和成帧时间的这些因素及相互关系进行分析。

3.2.3.1 包到达概率分布模型

1. 齐次泊松过程

AOS 数据包产生具有随机性，设 $N(t)$ 代表某一应用过程到 t 时刻随机产生数据源包的个数，则 $N(t)$ 满足以下条件：

（1）$N(0) = 0$ 且 $N(t) \geqslant 0$ 为正整数；

（2）如果 $s < t$，则 $N(s) \leqslant N(t)$；

（3）对于 $s < t$，$N(t) - N(s)$ 表示时间间隔 (s, t) 内产生数据源包个数。

可见，$N(t)$ 是一个计数过程。

空间数据系统任一分系统可能包含若干个独立的子应用过程。设数据包是顺序产生的，在任一极短时间区间 $\delta \cdot t$ 内，同一过程不会同时产生两个数据包，即在 $\delta \cdot t \to 0$ 时，若 $O(\delta \cdot t)$ 是 $\delta \cdot t$ 的高阶无穷小，生成两个连续包的概率为

$$P\{N(t+\delta \cdot t)-N(\delta \cdot t) \geqslant 2\}=O(\delta \cdot t) \tag{3-1}$$

当某过程产生了一个数据包，它对后续数据包的产生没有影响，也不会对其他应用过程数据包的生成造成影响，因此 $N(t)$ 是独立增量过程，如果 $N(t)$ 同时满足平稳性，则 $N(t)$ 是平稳独立增量过程，即在整个数据系统生命期统计特性不会发生时变。如星载数据系统的健康数据包在任何时间段到达强度基本保持不变。设 $N(t)$ 在单位时间内的均值为 λ，当 $\delta \cdot t \to 0$ 时，有

$$P\{N(t+\delta \cdot t)-N(\delta \cdot t)=1\}=\lambda \cdot \delta \cdot t+O(\delta \cdot t) \tag{3-2}$$

由式（3-1）和式（3-2），对这类数据源产生的包可以用齐次泊松过程来描述。表示为 $N(t+s)-N(s) \sim \pi(\lambda t)$，即

$$P\{N(t+s)-N(s)=k\}=\frac{(\lambda t)^k \mathrm{e}^{-\lambda t}}{k!} \tag{3-3}$$

齐次泊松过程的数字特征：数学期望 $E\{N(t)\}=\lambda t$、方差 $D\{N(t)\}=\lambda t$、相关函数 $R(s,t)=\lambda \min(s,t)+\lambda^2 st$ 和协方差函数 $\mathrm{Cov}(s,t)=\lambda \min(s,t)$。

齐次泊松过程的一些性质能够刻画 AOS 数据包产生过程。

性质 1 参数为 λ 的泊松过程 $\{N(t),t>0\}$，AOS 数据包产生第 k 个包的等待时间服从 Γ 分布，其概率密度为

$$f_k(t)=\begin{cases} \dfrac{(\lambda t)^k \mathrm{e}^{-\lambda t}}{(k-1)!}, & t \geqslant 0 \\ 0, & t<0 \end{cases} \tag{3-4}$$

性质 2 设 $N_1(t)$ 和 $N_2(t)$ 分别是强度为 λ_1 和 λ_2 的相互独立的齐次泊松过程，则可以得到 $X(t)=N_1(t)+N_2(t),t>0$ 是强度为 $\lambda_1+\lambda_2$ 的齐次泊松过程。

性质 2 表明，当服从齐次泊松分布多个 AOS 信源叠加时，总的

数据包仍然服从齐次泊松过程。

2. 非齐次泊松过程

如果 AOS 生产数据包的计数过程 $N(t)$ 满足以下条件：

① $N(0) = 0$；

② $\{N(t), t > 0\}$ 是一个独立增量过程；

③ $P\{N(t + \delta \cdot t) - N(\delta \cdot t) = 1\} = \lambda(t) \cdot \delta \cdot t + O(\delta \cdot t)$；

④ $P\{N(t + \delta \cdot t) - N(\delta \cdot t) \geqslant 2\} = O(\delta \cdot t)$。

则称 $\{N(t), t > 0\}$ 是具有速率函数为 $\lambda(t)$ 的非齐次泊松过程。AOS 的非齐次泊松过程表明在发送数据包或数据包到达的速率随时间变化。

若 AOS 数据包过程满足非齐次泊松过程，且到达速率为 $\lambda(t)$，则表示为

$$N(t_0 + t) - N(t_0) \sim \pi(\int_{t_0}^{t_0+t} \lambda(s)\mathrm{d}s)$$

即

$$P\{N(t + s) - N(s) = k\} = \frac{(\int_{t_0}^{t_0+t} \lambda(s)\mathrm{d}s)^k}{k!} \exp\{-\int_{t_0}^{t_0+t} \lambda(s)\mathrm{d}s\} \quad (3\text{-}5)$$

3.2.3.2 AOS 成帧时间 T_f

AOS 包到达分布概率模型可以用泊松过程描述，而泊松到达的时间间隔服从指数分布，其概率密度函数为

$$f(t) = 1/\lambda \cdot \mathrm{e}^{-\lambda t} \quad (3\text{-}6)$$

这样就存在一定的概率，从第一个包到达到帧释放时的时间间隔会很大，从而使某一帧的完成时间变得很长。因此，AOS 成帧采用等时发送策略，每隔固定时间阀值 T_f 发送 MPDU 数据单元，T_f 也称为等时成帧时间或成帧时间。CCSDS 在包装层提供了填充包，用于在数据包填不满传送帧时，用空闲包填充。如果到 T_f 时刻仍没有数据包生成，则用填充包填满传送帧的数据域后发送。T_f 的取值应合理，因为如果 T_f 较小，包延迟会减小，但到达的有效数据包变少，使填充数据过多，会降低复用效率，增加传送层的负担；同时 T_f 又不能取得过大，过大的 T_f 可以获得较高的复用效率，但系统延迟也会增加。

3.2.3.3　AOS 数据单元结构与开销

在标准 CCSDS 包结构中，有效用户数据单元在包中所占的比例，称为包效率。包效率直接影响包封装成 MPDU 时有效数据的比例，从而对 MPDU 复用效率产生影响。当不考虑第二包头长度时，CCSDS 包头(r_s)为 6 字节，包效率可用如下公式表示：$\alpha_p = (l_p - r_s)/l_p$，其中，$l_p$ 为包长度。CCSDS 协议支持可变包长度的数据包结构，同时允许根据需要将长包分割成短数据包，如图 3.4 所示。

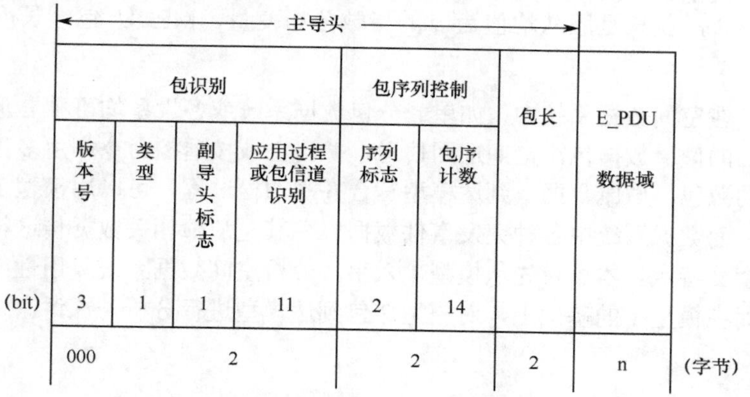

主导头							
包识别				包序列控制		包长	E_PDU 数据域
版本号	类型	副导头标志	应用过程或包信道识别	序列标志	包序计数		
(bit) 3	1	1	11	2	14		
000	2			2		2	n　(字节)

图 3.4　CCSDS 包结构示意图

在 MPDU 数据格式中导头等控制信息位称为 MPDU 信令开销，简称 MPDU 开销。它主要包括备用信息 5bit，首导头指针 11bit，如图 3.5 所示。由于 MPDU 长度和 MPDU 开销相对固定，所以它对 MPDU 效率的影响也相对固定。

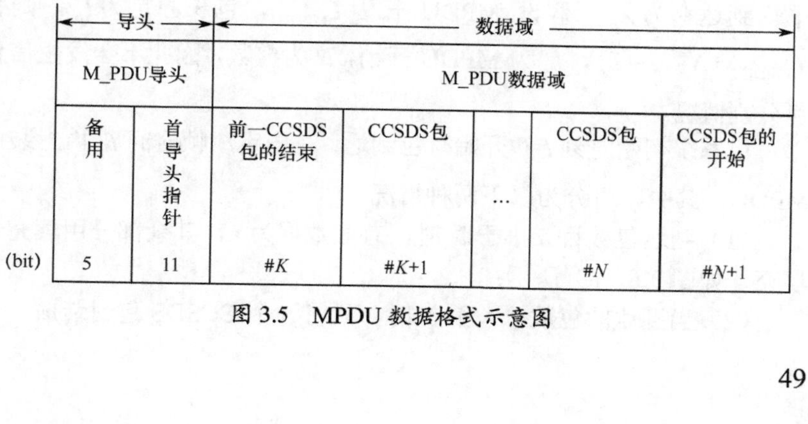

导头		数据域			
M_PDU导头		M_PDU数据域			
备用	首导头指针	前一CCSDS包的结束	CCSDS包	CCSDS包	CCSDS包的开始
(bit) 5	11	#K	#K+1	... #N	#N+1

图 3.5　MPDU 数据格式示意图

3.2.4　包达到模型

根据空间数据系统信源不同，可以建立两种短相关空间数据源包模型：

模型 1　CCSDS 包到达过程服从齐次泊松无记忆过程，平均到达率为 λ，包长固定为 l_p，MPDU 包区长度为 L_{mp}，忽略 MPDU 导头长度，且有 $L_{mp} = N \cdot l_p$。

模型 2　CCSDS 包到达过程服从齐次泊松无记忆过程，平均到达率为 λ，包长是服从均值为 μ 的指数分布变量，MPDU 包区长度为 L_{mp}。

在空间数据系统中，如星载分包数据系统或各设备均可独立形成自己的健康数据包，定期巡回传送，并自主或按遥控命令产生多种格式的源包，健康数据包到达模型符合齐次泊松过程，可以用模型 1 描述；而数据系统中各种突发事件数据，尤其是故障相关数据传送符合模型 2 特点。本章首先从模型 1 入手，分析空间数据系统复用性能；进而在模型 1 的基础上，对模型 2 包到达模型进行分析与探讨。

3.3　模型 1 无限缓存包信道复用

3.3.1　无限缓存包复用过程

由源包模型 1 可知，信息包到达过程是短相关泊松无记忆过程，平均到达率为 λ_p。假设 MPDU 长为 L_{MPDU}，包长固定为 l_p，则有 $L_{MPDU} = N \cdot l_p + L_s$，$L_s$ 为 MPDU 开销，N 为整数，因此不会发生信息包分割情况。

设系统初始时刻 $t=0$ 开始有包到达，在固定成帧时间 T_f 内封装成MPDU。其中，可分为以下两种情况：

（1）到达包数目 n 小于 N 时，有效数据为 n，其余部分用填充包填充，如图 3.6（a）所示；

（2）当到达的包数目大于 N 时，只将 n 个 CCSDS 包封装成一个

MPDU，发送到 VCA 子层，其他剩余包留到下一个 MPDU 中发送，如图 3.6（b）所示，并且每个成帧时间片 T_f 内只发送一次。缓存设为无限，即不考虑丢包情况。

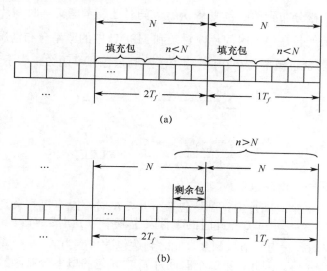

图 3.6　MPDU 成帧示意图

3.3.2　无限缓存复用效率递推关系

设在 3.2.1 节无限缓存包复用过程中，包长度采用固定长度标准 CCSDS 包，对于较长非 CCSDS 包可以分割为标准包，同时认为包效率 α_p 是由包结构所决定的固定值。所以，MPDU 中的有效数据量为 $n l_p \alpha_p$。复用效率表示为有效数据量与 MPDU 总长度之比，为 $n l_p \alpha_p / L_{\mathrm{MPDU}}$。考虑包到达的概率分布，第一个时间片 T_f 内 MPDU 复用效率可以表示为

$$\eta_{\mathrm{MPDU}}^{(1)} = \frac{\alpha_p}{L_{\mathrm{MPDU}}} \left(\sum_{n=0}^{N} n \cdot l_p \cdot p(n) + N \cdot l_p \sum_{n=N+1}^{\infty} p(n) \right) \qquad (3\text{-}7)$$

式中　$\eta_{\mathrm{MPDU}}^{(1)}$——第一个时间片 T_f 内 MPDU 复用效率，包效率为 α_p；

$p(n)$——T_f 时间内按泊松到达 n 个包的概率，则

$$p(n) = \frac{(\lambda_p T_f)^n \, \mathrm{e}^{-\lambda_p T_f}}{n!} \qquad (3\text{-}8)$$

进而，考虑在第二个 T_f 时间内，MPDU 复用效率。此时，不仅要考虑按泊松分布到达的包概率 $p(n)$，同时还要考虑第一时间片 T_f 内，可能剩余的包在第二时间片内封装到 MPDU 中的概率分布情况。设第一 T_f 内剩余包概率为 $\Phi'(r)$，称为一阶剩余包概率函数，表示为

$$\Phi'(r) = \begin{cases} \displaystyle\sum_{q=0}^{N} \frac{(\lambda_p T_f)^q \, \mathrm{e}^{-\lambda_p T_f}}{q!} & r = 0 \\[4mm] \displaystyle\frac{(\lambda_p T_f)^{N+r} \, \mathrm{e}^{-\lambda_p T_f}}{(N+r)!} & r = 1, 2, 3, \cdots, \infty \end{cases} \qquad (3\text{-}9)$$

式中　r——剩余包个数。

当第一个时间片内，到达包数目 $n \leqslant N$ 时，没有包剩余到第二个时间片发送，则 $r = 0$，此时的事件发生概率为 $p(n \leqslant N)$；到达包数目 $n > N$ 时，设有 r 个包剩余，此时到达包数目应为 $N + r$，实际的概率为 $p(N+r)$。因此，第二个时间片 T_f 内，包的概率分布函数应该修正为 $p''(k)$

$$p''(k) = \sum_{i=0}^{k} \Phi'(i) \cdot p(m = k - i), \quad k = 1, 2, \cdots \qquad (3\text{-}10)$$

式中　k——在第二个时间片 T_f 内缓存的包个数，它由两部分组成：一部分是上一次剩余包，数量为 i；另一部分是按泊松分布新到达的包，数量为 m。此时，第二个时间片内 MPDU 效率可以表示为 $\Phi'(r)$。

$$\eta_{\mathrm{MPDU}}^{(2)} = \frac{\alpha_p}{L_{\mathrm{MPDU}}} \left[\sum_{n=0}^{N} n \cdot l_p \cdot p''(n) + N \cdot l_p \sum_{n=N+1}^{\infty} p''(n) \right] \qquad (3\text{-}11)$$

接下来，可以表示出二阶剩余包概率 $\Phi''(r)$：

$$\Phi''(r) = \begin{cases} \displaystyle\sum_{q=0}^{N} \sum_{i=0}^{q} \Phi'(i) \cdot p(m = q - i), & r = 0 \\[4mm] \displaystyle\sum_{i=0}^{N+r} \Phi'(i) \cdot p(m = N + r - i), & r = 1, 2, 3, \cdots, \infty \end{cases} \qquad (3\text{-}12)$$

由此，可以将上面公式推广，递推出 MPDU 包效率式（3-13）~式（3-15）。

$$\eta_{\mathrm{MPDU}}^{(j)} = \frac{1}{L_{\mathrm{MPDU}}}\left[\sum_{n=0}^{N} n \cdot l_p \cdot p^{(j)}(n) + N \cdot l_p \sum_{n=N+1}^{\infty} p^{(j)}(n)\right] \quad (3\text{-}13)$$

$$p^{(j)}(n) = \sum_{i=0}^{n} \Phi_p^{(j-1)}(i) \cdot p(m=n-i) \quad (3\text{-}14)$$

$$\Phi_p^{(j)}(r) = \begin{cases} \sum\limits_{q=0}^{N}\sum\limits_{i=0}^{q} \Phi_p^{(j-1)}(i) \cdot p(m=q-i), & r=0 \\[2mm] \sum\limits_{i=0}^{N+r} \Phi_p^{(j-1)}(i) \cdot p(m=N+r-i), & r=1,2,3,\cdots,\infty \end{cases} \quad (3\text{-}15)$$

3.3.3 仿真研究及分析

基于模型 1 无限缓存包信道复用过程，对真实 MPDU 复用过程进行了仿真，并将仿真结果与上面的递推公式理论模型计算结果进行了比较，如图 3.7 所示。其中，包长 l_p 归一化为 1，$\lambda_p=1$，$N=10$，$\alpha_p=1$。

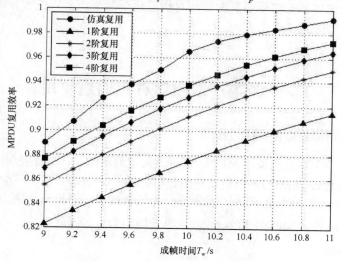

图 3.7 递推模型 MPDU 复用效率比较

图 3.7 给出了 1～4 阶剩余函数复用效率 η_{MPDU} 理论推导结果与仿真结果比较。从图中可以看出，一方面，随着成帧时间 T_{w} 的增加，效率逐渐提高；另一方面，随着剩余函数阶数增加，复用效率的理论曲线与仿真曲线逐渐逼近，相对误差变小。表 3.1 给出了递推公式理论值和仿真结果值，随着阶数变化的相对误差。

表 3.1 理论与仿真相对误差表

相对误差（%）	$j=1$	$j=2$	$j=3$	$j=4$
T_{w}=9s	6.7221	3.4796	2.1091	1.3329
T_{w}=10s	8.9930	5.3655	3.7455	2.7770

由于高级在轨系各信源产相对独立，且数据量、数据率和实时性要求各不相同。为有效传输这些多信源、多用户的信息，提高信道的利用率，CCSDS 协议在 VCLC 子层将 CCSDS 包复用为 MPDU，其复用效率对高级在轨系统的有效数据传输能力具有重要影响。通过对 MPDU 多路复用机制的分析，提出了高阶剩余函数的概念，给出了有限缓存 MPDU 包复用效率的递推公式，并对 MPDU 复用效率递推公式的相对误差进行仿真分析。仿真结果表明，随着剩余函数阶数的增大，理论仿真与实际仿真曲线相对误差逐渐减小，公式能较好地刻画复用效率变化情况。

3.4 模型 1 有限缓存包信道复用

3.4.1 有限缓存包复用过程

在 3.3 节无限缓存 MPDU 包信道复用的基础上，对有限缓存容量下的多业务的 MPDU 包信道复用过程建模，模型建立基于下面假设：

（1）CCSDS 包到达过程是泊松无记忆过程，平均到达率为 λ_p。

（2）假设 MPDU 长为 L_{MPDU}，包长固定为 l_p，则有 $L_{\text{MPDU}} = N \cdot l_p$，$N$ 为整数。

（3）系统初始时刻 t=0 开始有包到达，在固定等待时间时隙（slot）

T_f 内封装成 MPDU，即采用等时成帧策略。其中，可分为以下两种情况：

① 到达包数目 n 小于 N 时，有效数据为 n，其余用空数据包填充，MPDU 长仍为 L_{MPDU}；

② 当到达的包数目大于 N 时，只将 N 个 CCSDS 包封装成一个 MPDU，发送到 VCA 子层，其他剩余包留到下一个 MPDU 中发送。并且每个时间片 T_W 内只发送一次。

（4）设缓存容量为 B，$B > N$。

3.4.2 有限缓存复用效率递推关系

考虑包到达的概率分布，第一个时间片 T_f 内 MPDU 复用效率可以表示为

$$\eta_{\text{MPDU}}^{(1)} = \frac{1}{L_{\text{MPDU}}} \left[\sum_{n=0}^{N} n \cdot l_p \cdot p(n) + N \cdot l_p \sum_{n=N+1}^{B} p(n) \right] \quad (3\text{-}16)$$

式中 $\eta_{\text{MPDU}}^{(1)}$ ——第一个成帧时间 T_f 内 MPDU 复用效率；

B ——缓存容量；

$p(n)$ ——T_f 时间内按泊松到达 n 个包的概率，表示为

$$p(n) = \frac{(\lambda_p T_W)^n e^{-\lambda_p T_w}}{n!} \quad (3\text{-}17)$$

此时，包的溢出概率为

$$\xi^{(1)} = p(n > B) = 1 - \sum_{n=0}^{B} p(n) \quad (3\text{-}18)$$

进而，考虑在第二个 T_f 时间内，MPDU 复用效率。此时，不仅要考虑按泊松分布到达的包概率 $p(n)$，同时还要考虑第一时间片 T_f 内，可能剩余的包在第二时间片内封装到 MPDU 中的概率分布情况。一阶剩余包概率函数为 $\Phi'(r)$，表示为

$$\Phi'(r) = \begin{cases} \displaystyle\sum_{q=0}^{N} \frac{(\lambda_p T_W)^q e^{-\lambda_p T_w}}{q!} & r = 0 \\[3mm] \displaystyle\frac{(\lambda_p T_W)^{N+r} e^{-\lambda_p T_w}}{(N+r)!} & r = 1,2,3\cdots(B-N) \end{cases} \quad (3\text{-}19)$$

式中　r ——为剩余包个数。

当第一个时间间隙内，到达包数目 $n \leqslant N$ 时，没有包剩余到第二个时间片发送，则 $r = 0$，此时事件发生概率为 $p(n \leqslant N)$；到达包数目 $n > N$ 时，设有 r 个包剩余，此时到达包数目应为 $N + r$，实际的概率为 $p(N + r)$。因此，第二个时间片 T_f 内，包的概率分布函数应该修正为 $p''(k)$

$$p''(k) = \sum_{i=0}^{k} \varPhi'(i) \cdot p(m = k - i), \quad k = 1, 2, \cdots B \tag{3-20}$$

式中　k ——在第二个时间片 T_f 内缓存的包个数，它由两部分组成，一部分是上一次剩余包，数量为 i；另一部分是按泊松分布新到达的包，数量为 m。此时，第二个时间片内 MPDU 效率可以表示为

$$\eta_{\text{MPDU}}^{(2)} = \frac{1}{L_{\text{MPDU}}} \left[\sum_{n=0}^{N} n \cdot l_p \cdot p''(n) + N \cdot l_p \sum_{n=N+1}^{B} p''(n) \right] \tag{3-21}$$

接下来，可以表示出二阶剩余包概率函数 $\varPhi''(r)$：

$$\varPhi''(r) = \begin{cases} \displaystyle\sum_{q=0}^{N} \sum_{i=0}^{q} \varPhi'_p(i) \cdot p(m = q - i), & r = 0 \\[4mm] \displaystyle\sum_{i=0}^{N+r} \varPhi'_p(i) \cdot p(m = N + r - i), & r = 1, 2, 3 \cdots (B - N) \end{cases} \tag{3-22}$$

则，二阶包溢出概率为

$$\xi^{(2)} = p(n > B) = 1 - \sum_{n=0}^{B} p''(n) \tag{3-23}$$

由此，可以将上面公式推广，递推出 MPDU 包效率和缓存容量的公式

$$\eta_{\text{MPDU}}^{(j)} = \frac{1}{l_{\text{mp}}} \left[\sum_{n=0}^{N} n \cdot l_p \cdot p^{(j)}(n) \right] + N \cdot l_p \sum_{n=N+1}^{B} p^{(j)}(n) \tag{3-24}$$

$$p^{(j)}(n) = \sum_{i=0}^{n} \Phi_p^{(j-1)}(i) \cdot p(m = n - i) \tag{3-25}$$

$$\Phi_p^{(j)}(r) = \begin{cases} \displaystyle\sum_{q=0}^{N} \sum_{i=0}^{q} \Phi_p^{(j-1)}(i) \cdot p(m = q - i), & r = 0 \\[4mm] \displaystyle\sum_{i=0}^{N+r} \Phi_p^{(j-1)}(i) \cdot p(m = N + r - i), & r = 1, 2 \cdots (B - N) \end{cases} \tag{3-26}$$

$$\xi^{(j)} = p(n > B) = 1 - \sum_{n=0}^{B} p^{(j)}(n) \tag{3-27}$$

3.4.3　仿真研究及分析

基于 3.3.1 节 MPDU 有限缓存包信道复用过程（1）～（4）假设，对真实 MPDU 复用过程进行了仿真，并将仿真数据与上面的递推公式理论模型计算结果进行了比较，其中，包长 l_p 归一化为 1，$\lambda_p = 1$，$N = 10$，$B = 40$。

图 3.8 给出了 1～3 阶的有限缓存下的理论递推公式的溢出概率与成帧等待时间的关系曲线。同时将其与第 1、2、3 个时隙下的真实仿真数据进行了比较。从曲线可以看出，1～3 阶理论递推公式与对应的 1～3 时隙下的仿真数据拟合良好，表明理论模型能很好地刻画真实的缓存和成帧过程。同时从曲线可以看出，随着成帧等待时间的增大，缓存溢出概率逐渐接近 1。这表明成帧等待时间受限于缓存容量，不易取得过大。

图 3.9 给出了 1～3 阶的有限缓存下的理论递推公式的复用效率与成帧等待时间的关系曲线。从曲线可以看出，1～3 阶理论递推公式与对应的 1～3 时隙下的仿真数据拟合良好，表明理论模型能很好地刻画真实的缓存和成帧过程。同时从曲线可以看出，随着成帧等待时间的增大，复用效率成先增大后减小的趋势。这是由于当成帧等待时间开始增大时，到达缓存的包增多，成帧有效数据增多，填充的空数据包减少，复用效率增大，最终可以达到 1；之后，随着成帧等待时间的继续增大，由于缓存容量有限，产生溢出，从而导致复用效率下降。

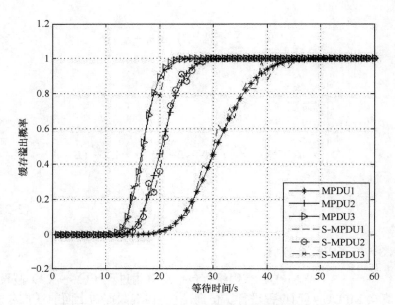

图 3.8 1～3 阶缓存溢出概率理论与仿真比较图

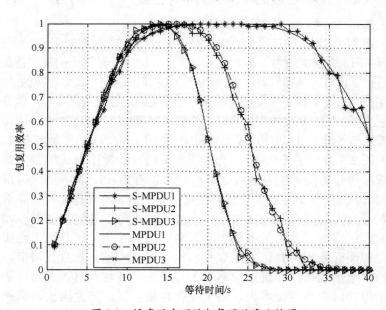

图 3.9 缓存溢出下的包复用效率比较图

3.5 模型 2 包信道复用

根据 3.1.4 节包到达模型 2，设 AOS 数据包长度不再为固定值，其包长度服从均值为 μ 指数分布，其包长概率密度函数表示为

$$f_l(x) = 1/\mu \cdot e^{-x/\mu} \tag{3-28}$$

其概率表示为

$$\varphi(x < l) = \int_0^l 1/l \cdot e^{-x/l} \mathrm{d}x \tag{3-29}$$

由于包复用模型 2 比较复杂，在此结合固定包长模型 1，提出一种化简模型 2 的方法，利用标准化包先将可变包长的模型 2 转换为固定包长的模型 1，再利用模型 1 的方法进行分析。

设标准化包（Standardized Package）长度固定为 l_S。其中，对于长度小于等于 l_S 的数据包，标准化为 l_S 源包；对于长度大于 l_S 的数据包，设包长度为 l，则可分割为 $[l/l_S]_{\mathrm{up}}$ 个标准包，其中 $[\ ]_{\mathrm{up}}$ 为上取整。则 1 个 MPDU 数据帧中包含的标准化包个数为 $N = l_{\mathrm{MPDU}}/l_S$，$l_S$ 的选取保证能被 l_{MPDU} 整除。并且，随着 l_S 取值减小趋于 0，标准化分割可以使模型 2 逼近模型 1。

进一步分析包到达过程，设在成帧时间 T_f 内，到达的可变长数据包 m 个，并设经过标准化分割后，等价为标准包个数为 n，到达概率用 $p_S(n)$ 表示，称为标准化包复用到达概率。且设包长度概率分布与包达到概率分布为相互独立事件。

设在成帧时间 T_f 内，有 1 个且只有 1 个标准包到达的概率需满足：有 1 个包到达，且包长度小于等于 l_S，则

$$p_S(1) = p(N(t) = 1, x < l_S) = p_n(N(t) = 1)\varphi(x < l_S)$$

$$= \frac{(\lambda T_f)e^{-\lambda T_f}}{1!} \cdot \int_0^{l_S} 1/l_p \cdot e^{-x/l_p} \mathrm{d}x \tag{3-30}$$

式中　$p_n(\cdot)$——包到达服从泊松分布；

$\varphi(\cdot)$——包长度服从指数分布，且为相互独立事件。

在成帧时间 T_f 内，有两个且只有两个标准包到达的概率包含两种情况：

（1）有 2 个包到达，且长度都小于 l_S；

（2）有 1 包到达，且包长度为 $l_S < l < 2l_S$，分割为两个标准包。

则

$$p_S(2) = p_n(N(t) = 2) \cdot [\varphi(x < l_S)]^2 + p_n(N(t) = 1) \cdot \varphi(l_S < x < 2l_S)$$

$$= \frac{(\lambda T_f)^2 e^{-\lambda T_f}}{2!} \cdot \left[\int_0^{l_S} 1/l_p \cdot e^{-x/l_p} dx \right]^2 + \frac{(\lambda T_f) e^{-\lambda T_f}}{1!} \int_{l_S}^{2l_S} 1/l_p \cdot e^{-x/l_p} dx$$

$$(3\text{-}31)$$

在成帧时间 T_f 内，有 3 个且只有 3 个标准包到达的概率包含 3 种情况：

（1）有 3 个包到达，且长度都小于 l_S；

（2）有两个包到达，其中，1 个包长度为 $l_S < l < 2l_S$，另 1 个包长度小于 l_S，可能的排列组合有 C_2^1 种；

（3）有 1 个包到达，且包长度为 $2l_S < l < 3l_S$，分割为 3 个标准包。

则，其到达概率表示为

$$p_S(3) = p(N(t) = 3) \cdot [p_n(x < l_S)]^3 + p_n(N(t) = 2) \cdot C_2^1 \varphi(l_S < x < 2l_S) \cdot$$

$$\varphi(0 < x < l_S) + p_n(N(t) = 1) \cdot \varphi(2l_S < x < 3l_S)$$

$$(3\text{-}32)$$

在成帧时间 T_f 内，有 4 个且只有 4 个标准包到达的概率包含 5 种情况：

（1）有 4 个包到达，且长度都小于 l_S；

（2）有 3 个包到达，1 个包长度为 $l_S < l < 2l_S$，另 2 个包长度为小于 l_S，可能的排列组合有 C_3^1 种；

（3）有两个包到达，1 个包长度为 $2l_S < l < 3l_S$，一个包长度为小于 l_S，可能的排列组合有 C_2^1 种；2 个包长度都为 $l_S < l < 2l_S$，可能的

排列组合有 C_2^2 种，共有排列组合有 $C_3^1 = 3$ 种；

（4）有 1 个包到达，且包长度为 $3l_S < l < 4l_S$，分割为 4 个标准包。

则，其到达概率表示为

$$p_S(4) = p_n(N(t)=4) \cdot [\varphi(x<l_S)]^4 + p_n(N(t)=3) \cdot C_3^1 \varphi(l_S<x<2l_S) \cdot [\varphi(0<x<l_S)]^2$$

$$+ p_n(N(t)=2) \cdot \{C_2^2 [\varphi(l_S<x<2l_S)]^2 + C_2^1 \varphi(2l_S<x<3l_S)\varphi(x<l_S)\}$$

$$+ p_n(N(t)=1) \cdot \varphi(3l_S<x<4l_S)$$

（3-33）

在成帧时间 T_f 内，有 5 个且只有 5 个标准包到达的概率包含 6 种情况：

（1）有 5 个包到达，且长度都小于 l_S；

（2）有 4 个包到达，1 个包长度为 $l_S < l < 2l_S$，另 3 个包长度为小于 l_S，可能的排列组合有 C_4^1 种；

（3）有 3 个包到达，1 个包长度为 $2l_S < l < 3l_S$，另两个包长度为小于 l_S，可能的排列组合有 C_3^1 种；两个包长度为 $l_S < l < 2l_S$，另 1 个包长度为小于 l_S，可能的排列组合有 C_3^2 种，组合共有 $C_4^2 = 6$ 种；

（4）有两个包到达，1 个包长度为 $2l_S < l < 3l_S$，1 个包长度为 $l_S < l < 2l_S$，排列组合有 C_2^1 种；1 个包长度为 $3l_S < l < 4l_S$，另 1 个包长度为小于 l_S，排列组合有 C_2^1 种，组合共有 $C_4^1 = 4$ 种；

（5）有 1 个包到达，且包长度为 $4l_S < l < 5l_S$，分割为 5 个标准包。

则，其到达概率表示为

$$p_S(5) = p_n(N(t)=5) \cdot [\varphi(x<l_S)]^5 + p_n(N(t)=4) \cdot C_4^1 \varphi(l_S<x<2l_S) \cdot [\varphi(0<x<l_S)]^3$$

$$+ p_n(N(t)=3) \cdot \{C_3^1 \varphi(2l_S<x<3l_S)[\varphi(x<l_S)]^2 + C_3^2 [\varphi(l_S<x<2l_S)]^2 \varphi(x<l_S)\}$$

$$+ p_n(N(t)=2) \cdot \{C_2^1 \varphi(2l_S<x<3l_S)\varphi(l_S<x<2l_S) + C_2^1 \varphi(3l_S<x<4l_S)\varphi(x<l_S)\}$$

$$+ p_n(N(t)=1) \cdot \varphi(4l_S<x<5l_S)$$

（3-34）

以此类推，在成帧时间 T_f 内，有 n 个且只有 n 个标准包到达的标

准化包复用到达概率 $p_S(n)$ 为

$$p_S(n) = \sum_{i=0}^{n}\{p_n(N(t)=i)[\sum_{j=1}^{C_{n-1}^{i-1}}\underbrace{\varphi((a-1)<l_S<l<al_S)\cdot\varphi((b-1)<l_S<l<bl_S)\cdots}_{i\text{个,其中,}(a+b+\cdots=n)}]\}$$

(3-35)

式中　　i——实际达到的包长可变数据包个数,对于 i 个数据包分割成
n 个标准包的排列组合共有 C_{n-1}^{i-1} 种组合,数学上等价于将
n 个标准包分配到 i 个位置,且每个位置不为空。

每种组合出现的概率表示为

$$\underbrace{p((a-1)<l_S<l<al_S)\cdot p((b-1)<l_S<l<bl_S)\cdots}_{i\text{个,其中,}(a+b+\cdots=n)}$$

的不同排列组合。其中 $a,b,\cdots$ 为 $1,2,\cdots,n-i+1$ 的正整数,且满足
$a+b,\cdots=n$。如 $n=5$,$i=3$ 时,不同的排列组合具有 $C_{5-1}^{3-1}=6$ 种,相应
于各包长的概率如式(3-36)所示。

$$C_{5-1}^{3-1}=6\text{种}\begin{cases}
\begin{matrix}1 & 1 & 3\end{matrix} & \varphi(x<l_S)\varphi(x<l_S)\varphi(2l_S<x<3l_S)\\
\begin{matrix}1 & 2 & 2\end{matrix} & \varphi(x<l_S)\varphi(l_Sx<2l_S)\varphi(l_S<x<2l_S)\\
\begin{matrix}2 & 1 & 2\end{matrix} & \varphi(l_S<x<2l_S)\varphi(l_Sx<2l_S)\varphi(l_S<x<2l_S)\\
\begin{matrix}2 & 2 & 1\end{matrix}\xrightarrow{\quad} & \varphi(l_S<x<2l_S)\varphi(l_S<x<2l_S)\varphi(l_Sx<2l_S)\\
\begin{matrix}3 & 1 & 1\end{matrix} & \varphi(2l_S<x<3l_S)\varphi(x<l_S)\varphi(x<l_S)\\
\underbrace{\begin{matrix}1 & 3 & 1\end{matrix}}_{i=3\text{个}} & \varphi(x<l_S)\varphi(2l_S<x<3l_S)\varphi(x<l_S)
\end{cases}$$

(3-36)

根据标准化包复用到达概率 $p_S(n)$,复杂模型 2 转换为模型 1,根
据模型 1 相应递推关系式,模型 2 无限缓存下的 MPDU 复用效率可表
示为

$$\eta_{\text{MPDU}}^{(j)}=\frac{1}{l_{\text{mp}}}\left[\sum_{n=0}^{N}n\cdot l_p\cdot p_S^{(j)}(n)+N\cdot l_p\sum_{n=N+1}^{\infty}p_S^{(j)}(n)\right] \quad (3-37)$$

$$p_S{}^{(j)}(n) = \sum_{i=0}^{n} \Phi^{(j-1)}(i) \cdot p_S(m = n - i) \tag{3-38}$$

$$\Phi^{(j)}(r) = \begin{cases} \sum\limits_{q=0}^{N} \sum\limits_{i=0}^{q} \Phi^{(j-1)}(i) \cdot p_S(m = q - i), & r = 0 \\[4mm] \sum\limits_{i=0}^{N+r} \Phi^{(j-1)}(i) \cdot p_S(m = N + r - i), & r = 1, 2, 3 \cdots \infty \end{cases} \tag{3-39}$$

模型 2 有限缓存下的 MPDU 复用效率和缓存容量可表示为

$$\eta_{\mathrm{MPDU}}^{(j)} = \frac{1}{l_{\mathrm{mp}}} \left[\sum_{n=0}^{N} n \cdot l_p \cdot p_S{}^{(j)}(n) \right] + N \cdot l_p \sum_{n=N+1}^{B} p_S{}^{(j)}(n) \tag{3-40}$$

$$p_S{}^{(j)}(n) = \sum_{i=0}^{n} \Phi_p{}^{(j-1)}(i) \cdot p_S(m = n - i) \tag{3-41}$$

$$\Phi^{(j)}(r) = \begin{cases} \sum\limits_{q=0}^{N} \sum\limits_{i=0}^{q} \Phi^{(j-1)}(i) \cdot p_S(m = q - i), & r = 0 \\[4mm] \sum\limits_{i=0}^{N+r} \Phi^{(j-1)}(i) \cdot p_S(m = N + r - i), & r = 1, 2 \cdots (B - N) \end{cases} \tag{3-42}$$

$$\xi^{(j)} = p(n > B) = 1 - \sum_{n=0}^{B} p_S{}^{(j)}(n) \tag{3-43}$$

标准化包复用到达概率 $p_S(n)$ 给出了分析可变包长复杂模型 2 的一种简化方法，但也存在一些局限性，首先，随着 n 的增大，$p_S(n)$ 关系式变得比较复杂，计算复杂度增大；其次，当 l_s 减小趋于 0 时，虽然误差减小，但成帧时间 T_f 内 $N = l_{\mathrm{MPDU}} / l_s$ 增大，N 及 n 的增大，又增加了 $p_S(n)$ 的计算复杂度。

3.6　本章小结

由于高级在轨系统各信源产生的时刻相对独立，且数据量、数据率和实时性要求各不相同。为有效传输这些多信源、多用户的信息，提高信道的利用率，CCSDS 高级在轨系统 AOS 在 VCLC 子层将 CCSDS 包复用为 MPDU，其复用效率对高级在轨系统的有效数据传输能力具有重要影响。本章在研究 MPDU 多路复用机制的基础上，提出了无限和有限缓存模型下的等时帧生成模型，给出了缓存容量、成帧效率的递推公式，并对理论推导数据与仿真数据进行了比较。仿真结果表明，模型能很好地刻画缓存溢出率和成帧复用效率随成帧时间的变化规律。并对可变包长成帧模型的简化方法进行了探讨。

参 考 文 献

[1] Consultative Committee for Space Data System. AOS Space Data Link Protocol [R]. Washington D. C: CCSDS, 2008.

[2] Consultative Committee for Space Data System. Space Packet Protocol. Recommendation for Space Data System Standards [R]. Washington D. C: CCSDS, 2003.

[3] Consultative Committee for Space Data System. Space Data Link Protocols and Summary of Concept and Rationale [R]. Washington D. C: CCSDS, 2007.

[4] Consultative Committee for Space Data System. Space data and information transfer systems-AOS space data link protocol [R]. Washington D. C: CCSDS, 2007.

[5] Consultative Committee for Space Data System. Space Data Link Protocols-Summary of Concept and Rationale [R]. Washington D. C: CCSDS, 2005.

[6] 赵运弢. 基于流量相关性的 CCSDS 空间数据系统复用及优化关键技术研究 [D]. 南京：南京理工大学，2013.

[7] 赵运弢, 潘成胜, 田野, 等. 基于 CCSDS 高级在轨系统的 MPDU 复用效率研究[J]. 宇航学报, 2010, 31(4): 1195-1199.

[8] 巴勇. CCSDS 协议及空间数据系统分析[D]. 哈尔滨：哈尔滨工业大学，2000.

[9] 田野, 潘成胜, 张子敬, 等. AOS 协议中自适应帧生成算法的研究[J]. 宇航学报, 2011, 32(5): 1171-1178.

[10] 别玉霞, 刘海燕, 潘成胜. CCSDS 发送端包复用处理系统性能分析[J]. 计算机科学, 2010, 37(10): 92-94.

[11] 赵运弢, 潘成胜, 田野, 等. 一种有限缓存下的高级在轨系统多路复用等时帧生成模型[J]. 信息与控制, 2010, 39(6): 738-742.

第4章 基于自相似流量的 AOS 多路复用技术研究

4.1 引　言

传统的短相关泊松流量分布模型只能反映空间数据系统部分业务和网络流量的局部特性和短时特性。本章在传统短相关无限缓存模型和有限缓存模型的基础上，基于 Pareto 重尾分布多信源 ON-OFF 叠加过程，建立了长相关自相似流量下的 AOS 等时帧生成模型，将 AOS 包复用过程推广到长相关领域，并推导给出了复用效率的长相关关系式，通过仿真进一步验证了长相关自相似流量下的 AOS 复用效率同样具有自相似性。

4.2　流量自相似数学描述

数据流量的自相似属于单分形的一种，其特性可由一个参数（即 Hurst 参数 H）加以刻画。自相似过程可分为确定自相似（Deterministic Self-similar）过程和随机自相似（Stochastic Self-similar）过程。在实际的数据系统业务流量中，确定自相似过程是不会存在的，主要分析则应用了随机自相似的概念。因为分析对象的不同，随机自相似又可分为连续自相似（Continuous Self-similar）和离散自相似（Diserete Self-similar）。

4.2.1　连续自相似过程

定义 4.1　若过程 $X(t)$ 满足 $X(at) = a^H X(t)$，其中，$a > 0$，

$0.5 < H < 1$，则称 $X(t)$ 是参数为 H 的确定自相似过程。H 称为 Hurst 参数或自相似参数。

定义 4.2 若连续随机过程 $X(t)$ 满足：$X(at)$ 与 $a^H X(t)$ 有相同的有限维分布，其中，$a > 0$，$0.5 < H < 1$，则称 $X(t)$ 是参数为 H 的严格自相似过程。

由连续自相似过程可知，连续自相似过程 $X(t)$ 与其时间尺度扩展过程 $X(at)$ 的数字特征存在如下关系：

数学期望：

$$E\{X(t) = a^{-H} E\{X(t)\}\} \tag{4-1}$$

方差：

$$\mathrm{Var}\{X(t)\} = a^{-2H} \mathrm{Var}\{X(at)\} \tag{4-2}$$

自相关函数：

$$R_X(s,t) = a^{-2H} R_X(as,at) \tag{4-3}$$

协方差函数：

$$C_X(s,t) = a^{-2H} C_X(as,at) \tag{4-4}$$

与严格自相似过程相对应，如果 $X(t)$ 与 $a^{-H} X(at)$ 只是均值和方差相等，则称 $X(t)$ 为渐近自相似过程。

定义 4.3 随机过程 $X(t)$ 若满足：

$E\{X(t)\} = a^{-H} E\{X(at)\}$ ； $\mathrm{Var}\{X(t)\} = a^{-2H} \mathrm{Var}\{X(at)\}$ ，并且 $C_X(s,t) = a^{-2H} C_X(as,at)$ 。

其中，$a > 0$，$0.5 < H < 1$，则称 $X(t)$ 是参数为 H 的二阶自相似过程。

在实际流量分析中，为了降低运算复杂度，同时提高理论分析的简洁性，通常限定自相似过程 $X(t)$ 具有平稳增量。

定义 4.4 自相似过程 $X(t)$ 若满足：$\Delta X = X(t+\tau) - X(t) \overset{d}{=} X(\tau)$，$\forall \tau \in R^+$ 则称 $X(t)$ 为平稳增量自相似过程，即 $X(t)$ 增量过程的有限维分布与 t 无关。其中，$\overset{d}{=}$ 表示有限维分布相等。

若自相似过程 $X(t)$ 满足二阶广义平稳，则协方差函数表示为

$$R(\tau) = E\{X(t)X(t+\tau)\} = \frac{\sigma^2}{2}(|\tau+\sigma|^{2H} + |\tau-\sigma|^{2H} - 2|\tau|^{2H}) \quad (4\text{-}5)$$

式中　$\sigma^2 = E\{X^2(1)\}$。

4.2.2　离散自相似过程

定义 4.5　设离散随机过程 X_k 的聚集时间序列为 $X_k^{(m)} = \dfrac{1}{m}\sum_{i=mk-m+1}^{km} X_i$，若 $mX_k^{(m)}$ 与 $m^H X_k$ 有相同的有限维分布，其中，$m \in \{1,2,3,\cdots\}$，$0.5 < H < 1$，则称 X_k 是参数为 H 的严格自相似过程。

严格自相似过程在实际业务流量中很难达到，而二阶统计过程能够很好地反映随机过程的突发和变化，因此，在工程设计中一般采用二阶自相似过程，并假设随机过程为平稳过程。

定义 4.6　若离散时间随机过程 X_k 与聚集过程 $X_k^{(m)}$ 之间满足：

$E(X_k) = E(X_k^{(m)})$；

$m^{-\beta}\mathrm{Var}(X_k) = \mathrm{Var}(X_k^{(m)})$；

$r(k) = r^{(m)}(k)$。

其中，$\beta = 2(1-H)$，$0.5 < H < 1$，$r(k)$ 称为随机过程 X_k 的自相关系数，也称为归一化自协方差函数，表示为

$$r(k) = \frac{E\{(X_{t+k} - \mu)(X_t - \mu)\}}{\sigma^2} \quad (4\text{-}6)$$

则称 X_k 是参数为 H 的广义（二阶）平稳自相似过程，简称离散时间序列平稳自相似过程。

实际的数据系统业务自相似过程一般都为渐近自相似过程，并由二阶统计特性定义。

4.2.3　流量自相似特征表现

1. 长程相关性

长程相关反映自相似过程的持续现象，主要与自相关函数相关，真正严格意义上的精确自相似过程在工程不存在，一般情况下业务流量符合渐近二阶平稳自相似过程，自相似过程的自相关系数满足：

$$\lim_{m \to \infty} r^{(m)}(k) = r(k) \sim ck^{2(1-H)} , \quad k \to \infty , \quad 0.5 < H < 1 \quad (4\text{-}7)$$

这表明自相关系数 $r(k)$ 呈幂律衰减，满足 $\sum\limits_{k=-\infty}^{\infty} r(k) = \infty$，即自相关系统不可和，这种性质称为长程相关性，简称长相关性。长程相关性是自相似过程最重要的特性之一。与之相对应的是短程相关性（Short Range Dependence，SRD），其自相关系数累加和有限，满足 $\sum\limits_{k=-\infty}^{\infty} r(k) < \infty$。如泊松过程的自相关系数呈现指数衰减，$r(k) \sim ce^{-\lambda k}$，其累计和为有限，故泊松过程只具有短程相关性。自相似过程是长相关的，而长相关性意味着距离较远的数据相关性不可忽略不计。短相关表现出的是无后效性，而长相关表现的是记忆的长期性。

H 参数的取值与 $r(k)$ 和过程存在如下关系：

若 $0.5 < H < 1$，则 $\sum\limits_{k=-\infty}^{\infty} r(k) = \infty$，其过程为长相关；

若 $0 < H \leqslant 0.5$，则 $\sum\limits_{k=-\infty}^{\infty} r(k) < \infty$，其过程为短相关；

$H=1$ 无意义，因为它导致对于所有的 k 列都有 $R(k)=1$；

$H>1$ 不允许，因为受 X 的平稳条件限制。

参数 H 在本质上是一种随机现象的持续性或长程依赖程度的度量，可以表征系统在不同尺度上自相似的程度。如果这种极端值持续时间理解为网络流量的突发性，则 H 可用来描述流量突发性的强度，而且自相似性使得这种突发性不会因聚集而被平滑掉。

2. 重尾特性

令 X 为一个随机变量，它具有累积分布函数（Cumulative Distribution Function，CDF） $F(x) = P[X \leqslant x]$ 和余累积分布函数（Complementary CDF，CCDF） $\overline{F(x)} = P(X \geqslant x)$。定义 $F(x)$ 为重尾分布，如果随机变量 X 的 CCDF 呈幂律衰减：

$$F(x) \sim cx^{-\alpha}, \alpha > 0, x \to \infty \quad (4\text{-}8)$$

式中　c ——正常数；

$a(x) \sim b(x)$ —— $\lim\limits_{x \to \infty} a(x)/b(x) = 1$。

则 X 称为重尾分布，其特性称为重尾特性。如果 $F(x)$ 是重尾的，该分布的尾部呈双曲线衰减型，其衰减过程相对于指数衰减的分布要慢，最有代表性的重尾分布是 Pareto 分布。反之，若随机变量 X 的 CCDF 呈指数衰减，则称为轻尾分布，如指数分布和高斯分布等。

重尾分布不是自相似性的必要条件，但系统业务流量的自相似性会导致重尾分布。重尾分布使稀有概率事件以大概率发生，这使得它较适合刻画类似自相似业务流量的强突发现象。有研究表明：分组到达时间间隔或突发数据的长度的重尾分布是网络通信量自相似特征的主要原因。

系统及网络文件的大小具有重尾特性导致了文件的传输时间具有无限方差，这又使数据包的大小、网络连接时间具有自相似性，这种自相似性又产生了长程相关性，最终使得多时间尺度上的突发特性现象的出现。

3. Hurst 效应

作为长程相关性的一个推论，R/S 统计满足 n^H 率（$H \neq 0.5$）。对于一组样本均值 $\overline{x(n)}$，方差为 $S^2(n)$ 的观察值，$R = \max(0, \Delta_1, \Delta_2, \cdots, \Delta_n) - \min(0, \Delta_1, \Delta_2, \cdots, \Delta_n)$，其中，$\Delta_j = \sum_{i=1}^{j} \Delta X(i)$，$j = 1, 2, \cdots, n$，它的 R/S 关系满足：

$$E\{R_n / S_n\} \propto n^H \tag{4-9}$$

随机变量 X 表现出的特征，称为 Hurst 效应。

4. 慢衰减方差

根据公式 $\text{Var}(X_k^{(m)}) = m^{-\beta}\sigma^2$，自相似性过程，其聚集过程的方差 $\text{Var}^{(m)}$ 的衰减速度要比 m^{-1} 慢。$\text{Var}^{(m)}$ 随聚集阶数 m 而缓慢衰减，表明自相似过程的波动剧烈。而对于传统的短相关过程，当 $m \to \infty$ 时，$\text{Var}^{(m)} \sim cm^{-1}$，即 $\text{Var}^{(m)}$ 的衰减速度与 m^{-1} 相同。

5. 频谱密度的幂指特性

平稳过程的功率谱密度 $S(\omega)$ 和自相关函数 $R(\tau)$ 构成一对傅里叶变换，它们相互唯一确定，对平稳序列 $X(k) = \{x_k, k \in Z^+\}$，表示为

$$S(\omega) = \sum_{k=-\infty}^{\infty} R(k)\mathrm{e}^{-\mathrm{j}\omega k}$$ （4-10）

$$R(k) = \frac{1}{2\pi}\int_{-\infty}^{+\infty} S(\omega)\mathrm{e}^{\mathrm{j}\omega k}\mathrm{d}\omega$$ （4-11）

如果随机过程 $X(k)$ 为长相关过程，即 $R(k)$ 呈幂律衰减，功率谱密度 $S(\omega)$ 满足

$$S(\omega) = \sum_{k=-\infty}^{\infty} R(k)\mathrm{e}^{-\mathrm{j}\omega k} \sim \omega^{-\gamma}, 0 < \gamma < 1$$ （4-12）

式中 $\gamma = 2H - 1$。

则当 $\omega \to 0$ 时，谱密度趋于无穷大。这表明由于 $X(k)$ 的持续性，低频处的密度非常大，这种特性称为频谱密度的幂指特性，也称为 $1/f$ 噪声。

4.3　AOS 数据流量长相关自相似特性

AOS 数据的传输是一个复杂的过程，既与测控通信系统有关又与数据管理系统有关，其数据特点决定了要采用网络化的结构设计来实现其数据传送，并与现有地面网络相兼容。CCSDS AOS 空间数据系统支持与地面网络的无缝连接，并通过网间互联网业务构建 I_PDU 数据单元，同时结合 APID 和 SCID 标识符进行数据的传输及信息的交互，成为地面互联网在空间的延伸，同时也将互联网流量的自身自相似特性传导到空间数据系统。另一方面，空间数据系统支持语音、图像、视频等多媒体业务类型的高速传输，形成位流业务数据单元，并通过 VCDU_ID 标识符进行虚拟信道数据传输，而语音、图像、视频等多业务流量穿过空间链路子网引起的流量聚合、分解及整形使得数据所具有的自相似特性保留在空间数据系统，成为 AOS 数据流量的自身特性之一。因此，CCSDS AOS 空间数据系统的业务流量特性呈现出更高的复杂性、突发性和自相似特性

4.3.1　AOS 数据流量复杂性

CCSDS 空间数据系统继承 TCP/IP 协议栈，利用各自业务的协议

数据单元中的导头信息进行寻址，使分组能在各种类型的异构网络上互传，如网络互联网业务 I_PDU 利用导头中的 APID 和 SCID 寻址；位流业务数据单元 BPDU 利用的 VCDU-ID（SCID+VCID）寻址；虚拟信道访问数据单元 VCA 利用导头中的 VCDU-ID 寻址。在 AOS 在轨系统中，数据到达 AOS 的每一层，都由该层实体构成相应的数据格式，最后按一定的顺序排列、加同步码，合成一个数据流，由物理信道调制后发送出去。并根据信道误码率，添加加 R-S 码和 ARQ 确定业务等级，如遥控、图像及语音采用的二级业务。具有空间链路检错重发过程 SLAP 的属于第一级业务。这样的系统形式提供了网络功能和流量的层级式构架，然而由于每一级都有其自身的运作机制和时间尺度，从而增加了复杂性。特别是在 IP over CCSDS Space Links 建议书推出后，空间数据系统与地面 IP 网络具有了更好的兼容性，同时也增加了复杂性。

　　CCSDS 空间数据系统的复杂架构和异构系统协议使得 AOS 数据流量具有更多层面上的复杂性。首先，多种接入系统、空间飞行器终端及扩展地面/星载网络系统节点，从边缘到空间数据系统主网的距离可能各不相同，接入方式也多种多样，而且拓扑结构也错综复杂；移动接入还会产生空间特性变化的流量，而来自扩展网络和飞行终端的业务信源分布也各不相同。其次，承载业务也表现出复杂性。AOS 支持 8 种业务类型，而数据流量的汇聚可能同时包含多种业务，同时流量也与 AOS 的多层请求方式有关。例如，用户在地面节点通过创建会话访问星上节点是随机的，而访问持续时间变化呈非周期性。除此而外，其他用户应用会采用相应的协议生成不同的流量形式，而最终的传送实体，如指令、语音、图像、视频等又会呈现不同的特性。再次，以上所提及的系统流量的各个方面都是时变的，并且发生在一个很广的时间尺度范围内，从毫秒级到小时级的时间尺度上流量呈现出高可变性，到以一天和一周为单位的流量状态的重复，再到可以用月和年来度量的产生流量的系统设备和结构的更新。

　　因此，AOS 高级在轨系统多业务机制和基于其链路之上的多种协议使得在系统中的数据流量呈现出很高的复杂性，这种复杂性在空间数据系统内向各个方向延伸。

4.3.2　AOS 数据流量突发性

突发性是数据系统中业务流量的普遍特性之一，并与长程相关性和自相似性相关联。在 AOS 数据系统中，流量突发性的增加将导致系统资源利用率降低从而消耗占用更多资源。突发性包含两层含义：时间突发和幅度突发。

时间突发源自于长时间周期上的依赖性，可用流量过程的自相关函数加以刻画。长程相关性（Long Ranged Dependence，LRD）就是定义在时间突发上的一种现象。对这种现象的成因有两种解释：一是认为网络本身的特性会导致网络流量的长程相关性，还有一种解释认为文件大小的重尾（Heavy Tailed）分布导致了业务源在长时间周期上进行数据发送。

幅度突发是描述小时间尺度上流量过程的波动程度。视不同的应用情况，可用几种方式来表征流量过程的这种突发性，如果标准差与均值的比率存在，便将其作为突发性的度量；用 Hurst 指数来刻画突发性；在无限方差模型中，用瞬时流量的重尾分布参数来反映突发性。

4.3.3　AOS 数据流量自相似性

通过对大量网络测量数据的分析和研究均表明在任何时间、任何地点、任何网络环境下，业务流的自相似性都存在。具有代表性的包括：Erramilli 和 Willinser 等基于 IsnN VBR 视频业务；Paxson 和 Floyd 基于广域网的观测数据；无线业务尺度下的无线网络流量；Bellcore 的研究人员基于 7 号信令流量；基于 TCP、FTP 流量、World -Wide Web 流量研究等。研究结果证明：实际网络业务普遍存在统计上的自相似性，该特性与业务发生的时间地点或编码方式无关。而 CCSDS 空间数据系统通过多种业务类型，特别是网间互联网业务及位流业务，承载封装了地面网的几乎所有业务类型，从有线网到无线网络数据，从信令、文本数据到语音、图像、视频多媒体数据，从地面 TCP、FTP 到空间 SCPS-TP、SCPS-FP。因此，CCSDS AOS 数据流量也必然表现出自相似性。实际网络业务流量的自相关函数随时间间隔增大呈双曲函数衰减，具有长相关性。在接下来的章节中将对长相关自相似进行详细的分析。

4.4　长相关 AOS 多路复用等时帧生成模型

数据系统业务量建模的目的就是要刻画数据流量的统计特性,虽然通过实测而得到的数据虽然可信度和真实性比较高,但一方面数据系统,特别是空间数据系统的实测数据由于信息的敏感性和保密性难以获得;另一方面,由于实测数据不能随意调节参数,因此,并不能广泛应用于对整个系统的性能的分析和评价。所以通过生成具有复杂的时间相关性的业务进行仿真研究是一种有效的方法。而对现有自相似业务模型及检测方法的研究是建立长相关 AOS 多路复用模型的前提和基础。

4.4.1　现有自相似业务模型

复杂的时间相关性主要是指 SRD 和 LRD,SRD 通信量的自相关函数呈指数衰减,具有可加性;LRD 通信量的自相关函数呈渐近双曲线衰减,统计特征比较复杂。对于 SRD 过程的模型能够较好地模拟 SRD,这些模型为 Markov 过程、Poisson 分布的各种扩展及延伸。许多数据系统业务量,如 VBR 视频流的统计特性呈现出 LRD 与 SRD 的复合特性,对应的自相关特性类似于在大的时间间隔表现为 LRD,小的时间间隔表现为 SRD。下面主要讨论几种重要的模型。

1. ON-OFF 模型

传统业务量分析中采用了泊松过程、马可夫调制的泊松过程、自回归模型等作为网络的流量模型。这些模型产生的业务,通常在时域仅具有短期相关性,随着时间分辨率的降低,即时间尺度变大,网络流量将趋于一个恒定值,即流量的突发性得到缓和。而以互联网为代表的包传输网络中,通信量在较长的时间范围内具有相关性,即通信量到达是长程相关的。

ON-OFF 模型可以作为长相关模型,物理意义明确,并一定程度上解释产生自相似的原因。同时,ON 状态和 OFF 状态的持续时间分布直接影响到系统产生业务流的真实可靠性。研究表明,若文件大小符合重尾分布，则对应的文件传输均导致链路层的自相似性，而与所用的传输协议无关。ON-OFF 模型有助于深入地了解自相似性的本质，并有针对性地客观反映数据系统流量的自相似性。

假设空间数据系统一个信息源，在发送数据和不发送数据两种状态间交替转换，在发送状态（称为 ON 期间）以固定的速率发送数据，而在不发送数据状态（称为 OFF 期间）保持空闲，这种信息源被称为 ON/OFF 源。如果 ON 和 OFF 期间为相互独立且均服从 Pareto 重尾分布的随机变量，则基于 Pareto 分布的 ON/OFF 信息源可以导致网络流量呈现出自相似的特性。

Pareto 分布具有典型的重尾特性。Pareto 分布的概率分布函数 $F(x)$ 与概率密度函 $f(x)$ 分别为

$$F(x) = P(X \geqslant x) = (\alpha / x)^{\beta}, \; \alpha, \beta > 0, x > \alpha \tag{4-13}$$

$$f(x) = \alpha^{\beta} \beta x^{-1-\beta}, \; \alpha, \beta > 0, x > \alpha \tag{4-14}$$

式中　β——形状参数，表示 Pareto 分布的重尾程度，β 取值越小，重尾程度越强，$H = (3-\beta)/2$，当 $1 < \beta < 2$ 时，满足 $0.5 < H < 1$；

α——最小截止参数，表示该随机变量能够取到的最小值。

Pareto 分布的均值和方差为

$$E(x) = \alpha \beta / (\beta - 1), \; \beta > 1 \tag{4-15}$$

$$\mathrm{var}(x) = \alpha^2 \beta / [(\beta - 1)^2 (\beta - 2)], \; \beta > 2 \tag{4-16}$$

ON/OFF 流叠加生成自相似业务流，传输线路的负载由 ON 状态和 OFF 状态的时间长度决定。设一个 ON/OFF 信息源，假定产生两种状态时间序列 $\{X(t), t \geqslant 0\}$，$X(t) = 1$ 表示在 t 时刻有一个数据包，而 $X(t) = 0$ 表示信息源没有发送数据包。则如果一条链路上有 M 个这样的信息源，它们聚集后就可以形成链路或节点实际传输接收数据包数，则第 m 个信息源可以产生其更新序列 $\{X^{(m)}(t), t \geqslant 0\}$，则时刻 t 信宿节点累计接收数据包表示为 $\sum\limits_{m=1}^{M} X^{(m)}(t)$，在时间区域为 $[0, Tt]$ 的累计数据包数量为

$$X'(Tt) = \int_0^{Tt} (\sum_{m=1}^{M} X^{(m)}(u)) \mathrm{d}u \tag{4-17}$$

假设网络有 M 个上述数据源, 叠加它们后就可以构造实际传输数据包数, 在时间 $[0, Tt]$ 内, 当 M 和 T 取很大的值时, 随机过程 $\{X^{(m)}(t), t \geq 0\}$ 的统计特性接近于

$$TM\frac{\mu_1}{\mu_1 + \mu_2}t + T^H\sqrt{L(T)M}\sigma_{\min}B_H(t) \qquad (4\text{-}18)$$

式中 $H = (3 - \alpha_{\min})/2$, $\alpha_{\min}$ 表示 ON 和 OFF 期间重尾分布(如 Pareto 分布)的参数 α 的小者;

$\sigma_{\min}$——一个有限的正常数;

μ_1, μ_2——ON 和 OFF 期间的平均长度;

$B_H(t)$——分形布朗运动。

当 M 和 T 很大时, 链路上传输的累计数据包数主要由 $TM[\mu_1/(\mu_1 + \mu_2)]$ 决定, 而且在这个主要部分作上下波动, 该波动是一个有自相似统计特征的分形布朗运动。

ON/OFF 模型的结构简单, 物理意义直观明确, 能从数学模型上描述自相似网络通信量的统计特性。其模型参数能够定量描述自相似网络通信量的行为特征, 具有直接的物理意义, 为自相似网络通信量的产生提供了一个合理的物理解释。

2. 分形布朗运动模型

分形布朗运动(Fractional Brownian Motion, FBM)过程是唯一具有自相似性的高斯过程, 由于 FBM 有限维分布都是根据高斯过程定义的, 并且其所有统计特征都可以用高斯一阶和二阶矩来描述, 所以 FBM 的自相似等价于二阶自相似。

$B_H(t)$ 为普通布朗运动, 若存在下式

$$\begin{cases} B_H(0) = 0 \\ B_H(t) - B_H(0) = \dfrac{1}{\Gamma(H+1/2)}\left\{\displaystyle\int_{-\infty}^{0}[(t-s)^{H-1/2} - (-s)^{H-1/2}]\mathrm{d}B(s) + \displaystyle\int_{0}^{t}(t-s)^{H-1/2}\mathrm{d}B(s)\right\} \end{cases}$$

$$(4\text{-}19)$$

则称随机函数 $B_H(t)$ 为分形布朗运动。H 为 Hurst 参数, 满足 $0 < H < 1$。当 $H = 1/2$ 时, 则 FBM 简化为普通布朗运动(即 $B_{1,2}(t) = B(t)$)。

FBM 是均值为零的非平衡高斯过程，其自相关函数为

$$R_{B_N}(s,t) = \frac{V_H}{2}\left(|s|^{2H} + |t|^{2H} + |t-s|^{2H}\right), \quad s,t \in R \quad (4\text{-}20)$$

式中　　$V_H = \mathrm{Var}\{B_H(1)\} = \dfrac{-\Gamma(2-2H)\cos(\pi H)}{\pi H(2H-1)}$。

尽管 FBM 是非平稳的，但其增量过程

$$B_{H,\delta} \overset{\Delta}{=} \frac{1}{\delta}[B_H(t+\delta) - B_H(t)], \quad \forall \delta > 0, t \in R \quad (4\text{-}21)$$

是平稳且为自相似的。增量过程 $B_{H,\delta}(t)$ 的自相关函数为

$$R_{B_{H,\delta}}(\tau) = \frac{V_H \delta^{2H-1}}{2}\left[\left(\frac{|\tau|}{\delta}+1\right)^{2H} - 2\left(\frac{|\tau|}{\delta}\right)^{2H} + \left(\frac{|\tau|}{\delta}-1\right)^{2H}\right], \quad \tau \in R \quad (4\text{-}22)$$

故其功率谱为

$$S_{B_{H,\delta}}(\omega) = \int_{-\infty}^{\infty} R_{B_{H,\delta}}(\tau)\mathrm{e}^{-\mathrm{j}\omega\tau}\mathrm{d}\tau \quad (4\text{-}23)$$

如普通布朗运动一样，FBM 具有广义导数，将 FBM 的导数过程 $X_H(t)$ 定义为分形高斯噪声（Fractional Gaussian Noise，FGN）的增量过程。

$$X_H(t) = \frac{\mathrm{d}}{\mathrm{d}t}B_H(t) = \lim_{\delta \to \infty} B_{H,\delta} \quad (4\text{-}24)$$

则 FGN 的自相关函数及其谱密度分别为

$$R_{X_N}(\tau) = V_H H(2H-1)|s|^{2H-2}, \quad \tau \in R \quad (4\text{-}25)$$

$$S_{X_N}(\omega) = |\omega|^{1-2H}, \quad \omega \in R \text{且} \omega \neq 0 \quad (4\text{-}26)$$

FBM 过程能够构建自相似网络模型：$A_t^{(i)}$ 为第 i 个信息源在 $(0,t]$ 内输入的自相似网络通信量，输入速度是 m_i，若存在 k 个相互独立输入的信息源，则整个网络的聚合通信量为 $A_t = \sum_{i=1}^{K} A_t^{(i)}$，其网络通信量模型为

$$A_t = mt + \sqrt{am}X_t, \quad t \in (-\infty, \infty) \quad (4\text{-}27)$$

式中　　A_t——截止 t 时刻的总的网络通信量；

$m = \sum_{i=1}^{K} m_i$——整个系统通信量的平均输入速率；

a——方差系数，$a > 0$。

随机过程 X_t 为正则 FBM，其特性如下

（1） X_t 具有平稳增量；

（2） $X_0 = 0$ 且 $EX_t = 0$；

（3） 自相似性，$0.5 < H < 1$，对所有 t 存在 $EX_t^2 = |t|^{2H}$；

（4） X_t 具有连续通道；

（5） X_t 及其边缘分布均为高斯分布。

3. FARIMA 模型

ON/OFF 模型和 FBM 模型能较好的刻画自相似长相关过程，并生成自相似的业务流量，但大量研究表明，实际网络通信量同时表现出长程相关性与短程相关性，上述长程相关模型无法描述短程相关性。因此，有必要建立能同时描述长程相关与短程相关特性的业务流量模型。FARIMA（p,d,q）（Fractional AutoRegressive Integrated Moving Average）模型被广泛使用。

FARIMA（p,d,q）过程也可以看作是 ARIMA（p,d,q）过程的特殊形式，它扩展了 FBM 或 FARIMA（$0,d,0$）的描述能力，使模型具有长短混合的相关数据结构，弥补了它们在数据描述能力上的不足。从定义上看，FARIMA（p,d,q）模型是以分数差分噪声 FARIMA（$0,d,0$）为激励的 ARMA 模型。该模型在利用参数 d 描述观测样本中的长相关结构时，利用 $p+q+1$ 个参数来刻画样本中的短相关结构。

随机过程 $\{X_t\}$ 称为服从 $d \in (-0.5, 0.5)$ 的 FARIMA（p,d,q）模型，如果 $\{X_t\}$ 是零均值的，且满足差分方程：

$$\Phi(B)\Delta^d X_t = \Theta(B)a_t \tag{4-28}$$

式中 d——差分阶数；

　　 p——自回归阶数；

　　 q——滑动平均的阶数；

　 p,q——非负整数。$\{a_t : t = \cdots -1, 0, 1, 2 \cdots\}$ 是一白噪声序列，并且

$$\Phi(B) = 1 - \phi_1 B - \phi_2 B^2 - \cdots - \phi_p B^p \tag{4-29}$$

$$\Theta(B) = 1 - \theta_1 B - \theta_2 B^2 - \cdots - \theta_q B^q \tag{4-30}$$

定义 $\Delta = (1-B)$ 为差分算子，Δ^d 表示分数差分算子，其通常的二

项展开式表示为

$$\Delta^d = (1-B)^d = \sum_{k=0}^{\infty} \binom{d}{k}(-B)^k \qquad (4\text{-}31)$$

其中

$$\binom{d}{k} = \Gamma(d+1)/[\Gamma(k+1)\Gamma(d-k+1)] \qquad (4\text{-}32)$$

Γ 代表伽马函数，定义为

$$\Gamma(x) = \int_0^{\infty} e^{-t} t^{x-1} dt, x > 0$$

显然，$\{X_t\}$ 是 $d \in (-0.5, 0.5)$ 的 FARIMA（p,d,q）过程，当且仅当 $\Delta^d X_t$ 是一个 ARMA(p,q)过程。如果 $\Theta(B) \neq 0$，那么 $Y_t = \Phi(B)\Theta^{-1}(B)X_t$ 满足 $\Delta^d Y_t = a_t$ 和 $\Phi(B)X = \Theta(B)Yt$。因此，在 $d \in (-0.5, 0.5)$，$p \neq 0, q \neq 0$ 时，FARIMA（p,d,q）过程 $\{X_t\}$ 可看成由 FARIMA（0,d,0）驱动的 ARMA（p,q）过程，其数学表达式为

$$X_t = \Phi^{-1}(B)\Theta(B)Y_t \qquad (4\text{-}33)$$

其中

$$Y_t = \Delta^{-d} a_t \qquad (4\text{-}34)$$

是 FARIMA（0,d,0）过程，即分数差分噪声。

4.4.2　自相似数据流检测方法

对于系统业务流量的自相似过程，仅用 Hurst 参数 H 就可描述其尺度伸缩特性，因此，对自相似性的检验主要就是对 Hurst 参数的估计。根据二阶自相似过程的统计特性：长程相关性、重尾性、慢衰减方差、Hurst 效应和幂指数特性的谱密度，自相似数据流的检测方法有 $v\text{-}t$ 法（方差时间法）、R/S 法、Whittle 法、小波法等。

1．V-T 分析法

V-T 估计法又称为方差–时间图法，主要针对自相似流量的方差慢衰减特性，即当样本数 m 趋于无穷时，其算术平均的方差衰减速度要慢于其样本大小的倒数 m^{-1}，而是与 $m^{-\beta}$ 成正比关系 $(0 < \beta < 1)$，即 $Var(X_k^{(m)}) = m^{-\beta}\sigma^2$。

V-T 估计法的具体步骤如下。

步骤 1：将原始随机序列 X 划分为每个大小为 m 的 k 个数据块，并计算出各数据块的均值 $X_k^{(m)} = \dfrac{1}{m} \sum\limits_{i=mk-m+1}^{km} X_i$，$k = 1, 2, \cdots$，$m = 1, 2, \cdots$，$k$ 为数据块序列号。

步骤 2：计算 $X_k^{(m)}$ 方差，记为 $Var X_k^{(m)}$，即

$$Var X_k^{(m)} = \frac{1}{k} \sum_{i=1}^{k} [X_i^{(m)} - \frac{1}{k} \sum_{i=1}^{k} X_k^{(m)}]^2 \tag{4-35}$$

步骤 3：对不同的 m 值重复上述步骤；

步骤 4：以样本方差 $Var X_k^{(m)}$ 和数据块长度 m 为依据，做出 $\ln Var X_k^{(m)}$，$\ln m$ 坐标点，利用直线拟合，直线斜率为 $-\beta$，从而得到自相似参数 H 的估计值 $\hat{H} = 1 - \beta / 2$。如果 H 满足 $0.5 < H < 1$，则数据流量为自相似过程。V-T 估计法可以作为序列是否具有自相似性的判定方法。

2. R/S 分析法

R/S 分析（Rescaled Adjusted Range Analysis）也称为重新标度极差分析，是广泛采用的一种 Hurst 参数估计方法。R/S 方法的原理来自于自相似性的基本定义，它是一种由定义而来的图形化的 Hurst 参数估计方法，也是最典型的时域估计方法之一。

对于一个时间序列 X_k 其部分和、样本均值和样本方差分别为

$$Y(n) = \sum_{i=1}^{n} X_i, \quad \overline{X}(n) = \frac{1}{n} Y(n), \quad S^2(n) = \frac{1}{n} \sum_{i=1}^{n} X_i^2 - \overline{X}^2(n) \tag{4-36}$$

定义 R/S 统计量为

$$\frac{R(n)}{S(n)} \overset{\Delta}{=} \frac{\max(0, W_1, \cdots, W_n) - \min(0, W_1, \cdots, W_n)}{S(n)} \tag{4-37}$$

式中

$W_n = Y(n) - n\overline{X}(n), k = 1, 2, \cdots n$。

若序列 $\{X_k\}$ 自相似，则

$$E(R(n)/S(n)) \propto n^H \tag{4-38}$$

R/S 分析法步骤如下。

步骤 1：随机过程 $X = \{X_n, n = 1, 2, \cdots\}$，计算序列 X_n 的均值 $\overline{X}$，方差 S_n^2，差值 $\Delta X(k) = X_k - \overline{X}$；

步骤 2：计算累加值 $\Delta_j = \sum_{i=1}^{j} \Delta X(i), j = 1, 2, \cdots, n$；

步骤 3：计算 $R_n = \max(0, \Delta_1, \Delta_2, \cdots, \Delta_n) - \min(0, \Delta_1, \Delta_2, \cdots, \Delta_n)$；

步骤 4：计算 R_n / S_n，因为 $R_n / S_n \propto n^H$，所以 $\log(R_n / S_n) = H\log(n) + \log(c)$，利用最小二乘法直线拟合，斜率为 H。

当样本数量足够大的时候，R/S 分析方法具有较高精度，因此，常被用于判断是否存在长程相关性及自相似性，并用所得的 Hurst 参数来确定自相似的强度。

3. 周期图分析法

周期图法方法利用了自相似过程功率谱密度函数的 $1/f$ 特性。设序列 $\{X_k\}$ 为自相似过程的离散序列，$\{X_k\}$ 的周期图或强度函数表示为

$$I_N(\omega) = \frac{1}{2\pi N} | \sum_{k=1}^{N} X_k \mathrm{e}^{ik\omega} |^2 \qquad (4\text{-}39)$$

$I_N(\omega)$ 作为功率谱密度函数的一个无偏估计，若 $\{X_k\}$ 为自相似过程，则 $\{X_k\}$ 的周期图应满足，$I_N(\omega) \sim | \omega |^{1-2H}$，因此，$\ln I_N(\omega) \sim (1-2H)\ln | \omega |$，$\ln I_N(\omega), (1-2H)\ln | \omega |$ 所对应的坐标点能够拟合为一条直线，且斜率为 $1-2H$。

4. Whittle 最大似然分析法

尽管时域估计方法做出的曲线直观易懂，但是时域估计方法缺乏对随机数据样本精确的统计分析，不能给出对 Hurst 参数估计的置信区间。作为 Hurst 参数估计的一种频域方法，Whittle 法的最大似然估计原理很好地解决了这个问题。

设序列 X 的谱密度函数 $f(x, \theta) = \delta_\varepsilon^2 f(x, \eta)$，其中，参数向量 $\theta = (\delta_\varepsilon^2, H, \theta_1, \cdots, \theta_k)$ 是无限自回归 AR 过程 $X_j = \sum_{i \geqslant 1} a_i X_{j-i} + \varepsilon_j$ 的更新因子 ε 的方差，H 是 Hurst 参数，$\theta_1, \cdots, \theta_k$ 描述随机数据样本的短相关结构，当 $Q(\eta)$ 最小时，确定对 η 的估计值。

$$Q(\eta) = \int_{-\pi}^{\pi} \frac{I(x)}{f(x,\eta)} \mathrm{d}x \qquad (4-40)$$

式中 I——X 的周期图。

估计方差满足：

$$Q(\eta)\delta_H^2 = 4\pi \left[\int_{-\pi}^{\pi} \frac{\partial \log f}{\partial H} \mathrm{d}x \right]^{-1} \qquad (4-41)$$

Whittle 法不能直接判断序列是否具有长程相关特性。但对于自相似序列，Whittle 法可以给出估计 Hurst 参数的置信区间。只有在确信样本过程为自相似过程时，才可以采用 Whittle 估计法对随机数据样本进行统计分析。Whittle 估计法是所有估计 Hurst 参数的方法中较复杂的一种。

5. 小波分析法

小波分析法用序列 $\{X_k\}$ 的离散小波变换（DWT）系数来作方差分析。小波分析方法的多尺度特性与自相似过程的尺度不变性有着自然的联系，所以对自相似过程的特征分析中，小波成了自然的选择。

设有自相似过程 $X(t)$，$\varphi(t)$ 为一正交小波函数，即

$$\varphi_{j,k}(t) = 2^{-j/2}(2^{-j}t - k) \qquad (4-42)$$

式中 $W_{j,k}$ 为小波变换后的系数，即

$$W_{j,k} = <x(t), \varphi_{jk}(t)> = 2^{-j/2} \int x(t)\varphi(2^{-j}t - k)\mathrm{d}t \qquad (4-43)$$

若 $\{X_k\}$ 为自相似序列，则有如下关系：

$$\log_2 \left(\frac{1}{n_0} \sum_k |W_{j,k}|^2 \right) = (2H-1)j + c \qquad (4-44)$$

式中 n_0——序列长度；

　　　c ——一个有限常数；

　　　j ——DWT 的级数。

因此，可由直线的斜率来估计参数 H。

4.4.3　长相关成帧模型

第 3 章中 AOS 多路复用成帧模型 1 和模型 2 仅能够刻画具有短相关特性的业务流，而 AOS 高级在轨系统中存在包括网间业务、位流业

务等自相似业务流,因此,基于空间数据系统业务特征及流量长程相关自相似性,结合自相似业务流量基于 Pareto 重尾分布的 ON-OFF 模型,提出长相关 AOS 多路复用等时帧生成模型,简称模型 3。

模型 3 满足下面假设。

(1)CCSDS 包到达过程服从 ON-OFF 多信源叠加过程,设 M 个独立的数据源 $X^{(m)}(t)$,$m \in [1, M]$,在 ON 周期发送数据,在 OFF 周期空闲不发送数据。物理意义为 M 个独立信源的数据包以发送和空闲两种状态随机到达,并叠加。

(2)到达的数据包服从 Pareto 重尾分布,等价于在 ON 周期内以固定比特速率发送,且 ON 周期持续时间服从 Pareto 分布,同理 OFF 周期也服从 Pareto 分布。

(3)在第 k 个成帧时间 T_{frame} 内,到达的数据包数目为

$$L_k = \sum_{i=1}^{M} \int_{(k-1)T_{\text{frame}}}^{kT_{\text{frame}}} X_{ON}^{(i)}(t)\mathrm{d}t \qquad (4\text{-}45)$$

系统初始时刻 $t=0$ 开始有包到达,在 T_{frame} 内封装成 MPDU。其中,可分为以下两种情况。

(1)当 M 个信源到达的包总数目 L_k 小于 L_{MPDU} 时,有效数据为 L_k,其余用填充包填充;

(2)当 M 个信源到达的包总数目 L_k 大于 L_{MPDU} 时,只将 L_{MPDU} 长的包封装成一个 MPDU,发送到 VCA 子层,其他剩余包留到下一个 MPDU 中发送,并且每个时间片 T_W 内只发送一次,如图 4.1 所示。

由 Pareto 统计分布可知,假设 ON 和 OFF 的持续时间为 X_{ON} 和 X_{OFF},则

$$F_{\text{ON}}(x < X) = 1 - (a_1/x)^{\beta_1} \qquad \alpha,\ \beta > 0, x > \alpha_1 \qquad (4\text{-}46)$$

$$F_{\text{OFF}}(x < X) = 1 - (a_2/x)^{\beta_2} \qquad \alpha,\ \beta > 0, x > \alpha_2 \qquad (4\text{-}47)$$

则其概率密度函数分别为 $f_{\text{ON}}(x)$ 和 $f_{\text{OFF}}(x)$:

$$f_{\text{ON}}(x) = \beta_1 \alpha_1^{\beta_1} x^{-1-\beta_1}\alpha,\ \beta > 0, x > \alpha_1 \qquad (4\text{-}48)$$

$$f_{\text{OFF}}(x) = \beta_2 \alpha_2^{\beta_2} x^{-1-\beta_2}\alpha,\ \beta > 0, x > \alpha_1 \qquad (4\text{-}49)$$

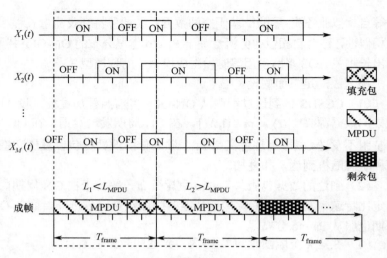

图 4.1 M 独立数据源 MPDU 成帧原理图

则 ON 和 OFF 持续时间的数学期望为

$$E(X_{\mathrm{ON}}) = \begin{cases} \infty, & \beta_1 \leqslant 1 \\ \alpha_1 \beta_1 / (\beta_1 - 1), & \beta_1 > 1 \end{cases} \tag{4-50}$$

$$E(X_{\mathrm{OFF}}) = \begin{cases} \infty, & \beta_2 \leqslant 1 \\ \alpha_2 \beta_2 / (\beta_2 - 1), & \beta_2 > 1 \end{cases} \tag{4-51}$$

则 ON 和 OFF 持续时间的方差可以计算得

$$\mathrm{Var}(X_{\mathrm{ON}}) = E(X_{\mathrm{ON}}^2) - E^2(X_{\mathrm{ON}})$$

$$= \int_{\alpha_1}^{\infty} x^2 f_{\mathrm{ON}}(x)\mathrm{d}x - \left[\int_{\alpha_1}^{\infty} x f_{\mathrm{ON}}(x)\mathrm{d}x \right]^2 \tag{4-52}$$

$$= \frac{\alpha_1^2 \beta_1}{\beta_1 - 2} - \frac{\alpha_1^2 \beta_1^2}{(\beta_1 - 1)^2} = \frac{\alpha_1^2 \beta_1}{(\beta_1 - 1)^2 (\beta_1 - 2)}$$

式中 $\beta_1 > 1$。

可以得到方差

$$\mathrm{Var}(X_{\mathrm{ON}}) = \begin{cases} \infty, & \beta_1 \leqslant 2 \\ \dfrac{\alpha_1^2 \beta_1}{(\beta_1 - 1)^2(\beta_1 - 2)}, & \beta_1 > 2 \end{cases}$$ （4-53）

$$\mathrm{Var}(X_{\mathrm{OFF}}) = \begin{cases} \infty, & \beta_2 \leqslant 2 \\ \dfrac{\alpha_2^2 \beta_2}{(\beta_2 - 1)^2(\beta_2 - 2)}, & \beta_2 > 2 \end{cases}$$ （4-54）

基于以上成帧模型，对 M=50 个独立的 Pareto 重尾分布 ON/OFF 数据源的业务流进行仿真，$\alpha = 3$，$\beta = 1.2$。$X_i(t) = 1$ 就意味着在时刻 t 发送一个数据包；而 $X_i(t) = 0$ 表示不发送任何数据，处于空闲状态。$X_i(t)$ 交替产生连续 1 或 0 值，分别对应非重叠的时间间隔的 ON 周期和 OFF 周期，仿真得到如图 4.2 所示。

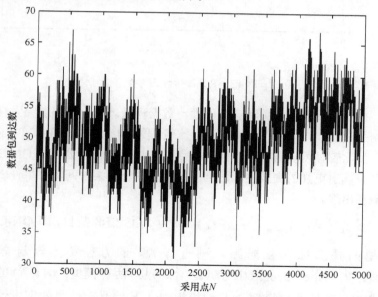

图 4.2　100 个 ON-OFF 源叠加流量

同时,利用经典的 R/S 检验算法对数据进行 H 参数检验,$H=0.9093$,表明所产生数据业务流具有长相关自相似特性,如图 4.3 所示。

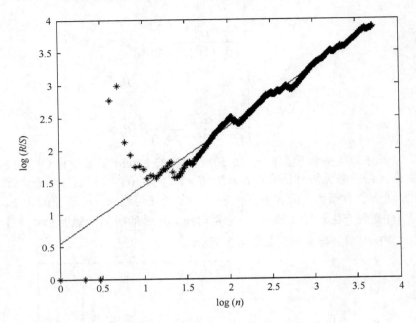

图 4.3 R/S 法估计 H 参数

由于流量长程相关和自相似性,数据流量表现出很强的突发性,长相关模型 3 与短相关模型 1 进行比较,图 4.4 为 ON-OFF 和 Poisson 缓存量比较。可以看出在不同采样点时,基于 Pareto 分布的 ON-OFF 模型表现出更强的突发性,达到的数据量的长持续时间稀有事件以较大概率出现。

设 $Y_t^{(m)} = \dfrac{1}{m}(Y_{tm-m+1} + \cdots + Y_{tm})$,$m$ 为 AOS 信源数目,即 ON-OFF 模型的叠加独立数据源,则过程 $Y_t^{(m)}$ 的方差称为渐进方差 $Var(Y_t^{(m)})$(the Asymptotic of Var),通过对两种模型 $Var(Y_t^{(m)})$ 的比较能够直观地看出模型 3 与泊松模型 1 相比具有明显的突发性,如图 4.5 所示。

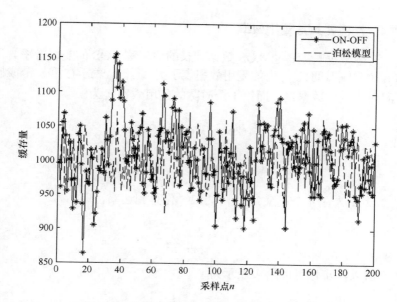

图 4.4　ON-OFF 和 Poisson 缓存量突发性比较

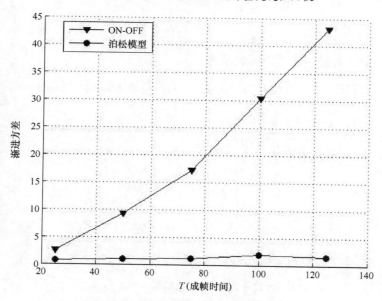

图 4.5　模型 3 与模型 1 渐进方差比较

4.4.4 长相关 AOS 复用效率

有效数据长度占总 AOS 数据帧长的比率称 AOS 的复用效率。设第 n 个成帧时间 T_{frame} 内的复用效率表示为 η_n，L_n 表示在第 n 个成帧时间内到达的数据量，而第 1 个时隙的复用效率 η_1 为

$$\eta_1 = \begin{cases} L_1 / L_{\text{MPDU}}, & L_1 < L_{\text{MPDU}} \\ \\ 1, & L_1 \geqslant L_{\text{MPDU}} \end{cases} \tag{4-55}$$

设 $\overline{\lambda}_n$ 为在 n 个连续 T_{frame} 内的归一化总到达率，即

$$\overline{\lambda}_n = \frac{1}{L_{\text{MPDU}}} \sum_{i=1}^{n} L_i \tag{4-56}$$

所以，η_1 也可以用 $\overline{\lambda}_1$ 表示为

$$\eta_1 = \begin{cases} \overline{\lambda}_1, & \overline{\lambda}_1 < 1 \\ \\ 1, & \overline{\lambda}_1 \geqslant 1 \end{cases} \tag{4-57}$$

第 2 时隙内的效率可表示为

$$\eta_2 = \begin{cases} (L_1 + L_2 - \eta_1 L_{\text{MPDU}}) / L_{\text{MPDU}}, & L_1 + L_2 - \eta_1 L_{\text{MPDU}} < L_{\text{MPDU}} \\ 1, & L_1 + L_2 - \eta_1 L_{\text{MPDU}} \geqslant L_{\text{MPDU}} \end{cases} \tag{4-58}$$

η_2 也可以用 $\overline{\lambda}_2$ 表示为

$$\eta_2 = \begin{cases} \overline{\lambda}_2 - \eta_1, & \overline{\lambda}_2 - \eta_1 < 1 \\ \\ 1, & \overline{\lambda}_2 - \eta_1 \geqslant 1 \end{cases} \tag{4-59}$$

第 3 个时隙内总的包数目为

$$L^{(3)} = L_1 + L_2 + L_3 - \eta_1 L_{\text{MPDU}} - \eta_2 L_{\text{MPDU}}$$

等式两边同除以 L_{MPDU}，得到第 3 个时隙内的成帧效率 η_3，整理得

$$\eta_3 = \begin{cases} \overline{\lambda}_3 - \eta_1 - \eta_2, & \overline{\lambda}_3 - \eta_1 - \eta_2 < 1 \\ 1, & \overline{\lambda}_3 - \eta_1 - \eta_2 \geqslant 1 \end{cases} \tag{4-60}$$

因此，可以递推得到第 n 个时隙下的复用效率公式

$$\eta_n = \begin{cases} \overline{\lambda}_n - \sum_{i=0}^{n-1} \eta_i, & \overline{\lambda}_n - \sum_{i=0}^{n-1} \eta_i < 1 \\ 1, & \overline{\lambda}_n - \sum_{i=0}^{n-1} \eta_i \geqslant 1 \end{cases} \tag{4-61}$$

从效率的递推公式可以看出，第 n 个时隙的复用效率 η_n 不但与前一个时隙的复用效率 η_{n-1} 相关，而且与之前 $\{\eta_1, \eta_2, \cdots, \eta_{n-2}\}$ 都相关。

对 L_n 可以得到其自相关系数

$$r(k) = \mathrm{cov}\{L(t)L(t+k)\} \sim \int_k^{\infty}[1-F(t)]\mathrm{d}t \tag{4-62}$$

进而

$$\int_k^{\infty}[1-F(t)]\mathrm{d}t = \int_k^{\infty}(a/x)^{\beta}\mathrm{d}x \tag{4-63}$$

则

$$\int_k^{\infty}[1-F(t)]\mathrm{d}t = \frac{a^{\beta}}{\beta-1}k^{1-\beta} \sim k^{-H} \tag{4-64}$$

4.4.5　仿真分析

针对基于 Pareto 分布的 ON-OFF 自相似流量成帧模型，并分别设置 H=0.6，0.7，0.8，0.9，对 200 个信源流量叠加情况下的 MPDU 复用过程进行仿真，采样 1000 个点。其中，ON-OFF 周期归一化为 1（$T=1$），MPDU 帧生成时间等于 ON-OFF 周期 T，MPDU 数据单元固有长度 L_{MPDU}=110。对 1000 个 ON-OFF 周期的 CCSDS 包到达流量、成帧效率及 H 参数进行仿真比较。

图 4.6（a）、（d）、（g）、（j）分别表示 H 参数为 0.6、0.7、0.8、0.9 时，1000 个采用点的到达数据包流量分布，从图中可以看出，随着 H

参数的增大，流量的突发性增强；图 4.6（b）、（e）、（h）、（k）分别表示 H 参数为 0.6、0.7、0.8、0.9 时，MPDU 复用效率分布比较；图 4.6（c）、（f）、（i）、（l）分别表示 H 参数为 0.6，0.7，0.8，0.9 时，采用 R/S 算法对到达包流量和复用效率的 H 参数进行估计和比较，并用利用最小二乘拟合，斜率表示 H 参数值。从图中可以看出，在信源流量满足长相关自相似的条件下，MPDU 每帧的成帧效率仍具有长相关自相似性，并且 MPDU 复用效率和包到达流量具有相近的 H 参数。

进一步，对 H 参数分别为 0.6, 0.7, 0.8, 0.9 条件下的设置 H 值，估计 H 值和 MPDU 复用效率 H 值进行比较，如图 4.7 所示。仿真结果表明：

（1）估计 H 值与设置 H 值具有很好地拟合性，说明模型能够产生符合要求的自相似业务流；

（2）随着设置的 ON-OFF 模型 H 参数值增大，MPDU 复用效率也随之增大，表明 MPDU 复用效率与包到达流量在自相似性方面具有相同的强弱变化趋势。

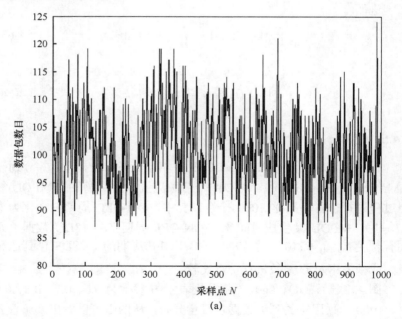

(a)

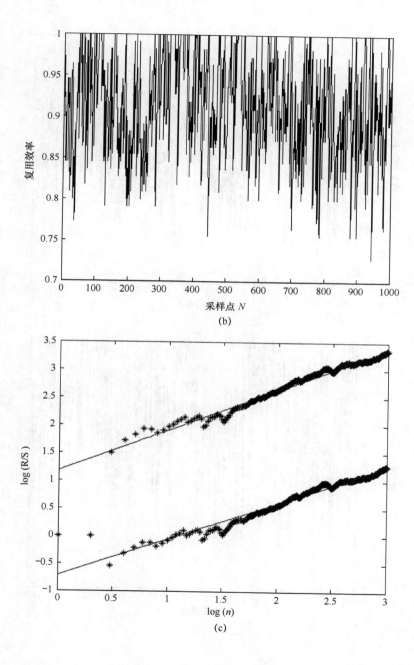

(b)

(c)

91

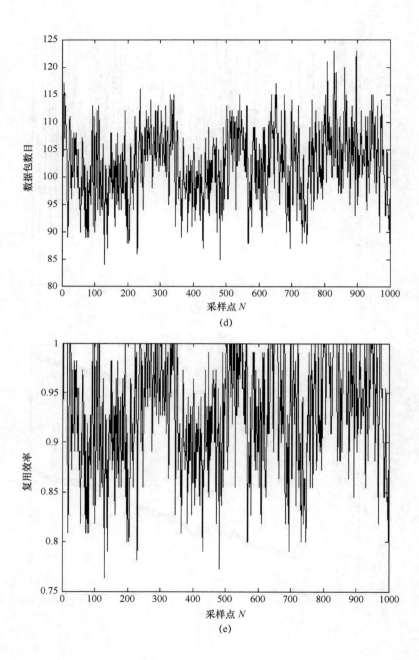

(d)

(e)

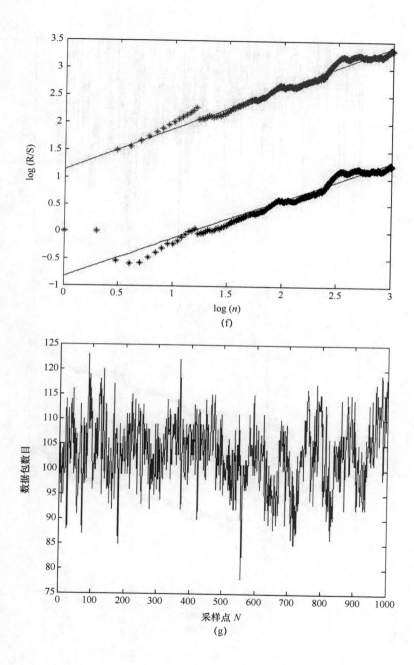

(f)

(g)

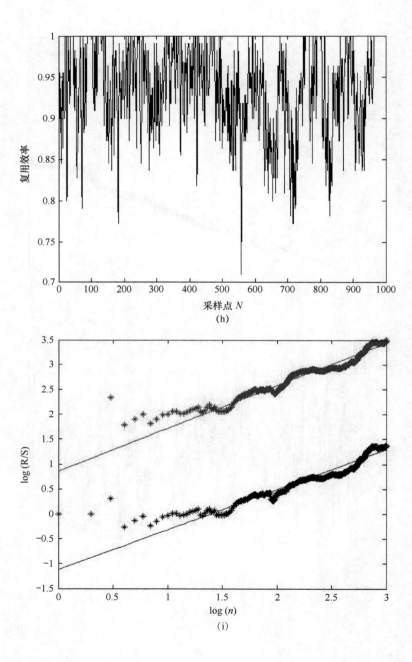

（h）

（i）

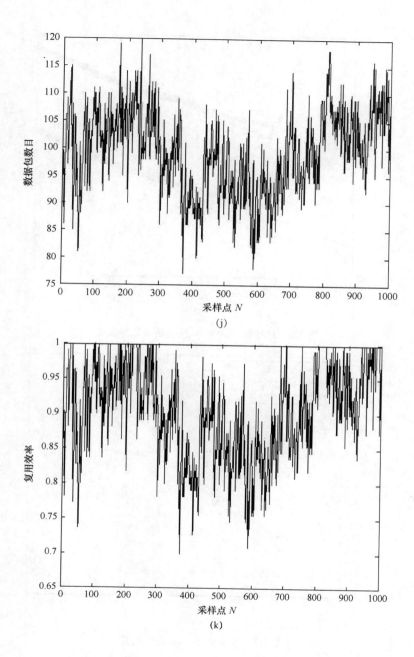

(j)

(k)

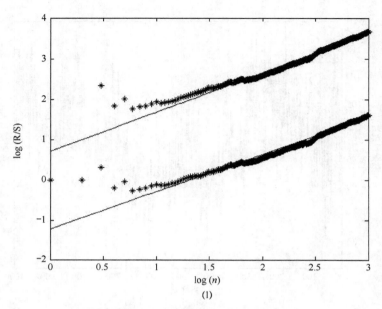

图 4.6　MPDU 复用效率 H 参数估计与比较

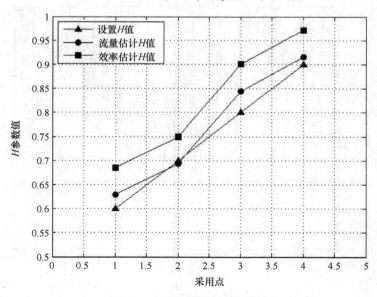

图 4.7　不同条件 H 参数比较图

表4.2给出了模型复用效率H参数与流量相关性H参数具体数据。

表 4.2   复用效率 H 参数比较表

ON/OFF 模型设置 H 参数	ON/OFF 模型 H 参数估计值	复用效率 H 参数估计值
0.9	0.9164	0.9721
0.8	0.8444	0.9019
0.7	0.6943	0.7500
0.6	0.6296	0.6852

4.5   本章小结

随着高级在轨系信源种类和数目的增多以及地面网络和空间网络的互联和信息传输的日益紧密，空间网络流量特性不再单纯的表现为短相关，而更多地表现为长相关自相似特性。从宏观来看，短相关表现为流量的平稳特性，长相关自相似表现为流量的突发特性。本章基于 Pareto 重尾分布 ON-OFF 模型，对 MPDU 多路复用效率的长相关自相似特性进行了分析，建立了基于可变 H 参数长相关的 AOS 帧生成仿真模型。仿真结果表明，流量长相关下的 AOS 帧生成效率也具有长相关的特性，并且具有相同的持久性强度变化趋势。基于长相关 AOS 帧生成模型为 CCSDS 高级在轨系复用效率的研究提供了数学模型，而复用效率具有长相关自相似的结论对后续 CCSDS 高级在轨系统信道利用率、延时等性能的研究具有重要指导作用。

参 考 文 献

[1] Crovella M. E. , Bestavros A. Self-similarity in World Wide Web traffic: evidence and possible causes[J]. IEEE/ACM Transactions on Networking, 1997, 5 (6): 835-846.

[2] Duffy D. E, McIntosh A. A, Rosenstein M. , et al. Statistical analysis of CCSN/SS 7 traffic data from working CCS sub-networks[J]. IEEE Journal on Selected Areas

in Communications, 1994, 12 (3): 544-551.

[3] 薛质. 自相似过程的合并和分解过程[J]. 上海交通大学学报, 2001, 35(11): 1603.

[4] Norros I. On the use of fractional Brownian motion in the theory of connectionless networks[J]. IEEE Journal on Selected Areas in Communications, 1994, 1994(13): 953-962.

[5] Boris T, Nicolas D G. Self-similar Processes in Communications Networks[J]. IEEE Transactions on Information, 1998, 44(5): 1713-1725.

[6] Boris T, Nieolas D G. On Self-similar Traffic in ATM Queues: Definitions, Overflow Probability Bound, and Cell Delay Distribution[J]. IEEE/ACM Transactions on Networking, 1997, 5(3): 397-406.

[7] 赵运弢. 基于流量相关性的 CCSDS 空间数据系统复用及优化关键技术研究 [D]. 南京：南京理工大学，2013.

[8] Leland W. E, Taqqu M. S, Willinger W, et al. On the self-similar nature of Ethernet traffic[J]. IEEE/ACM Transactions on Networking, 1994, 2 (1): 1-15.

[9] 赵运弢，潘成胜，田野. 长相关流量下的高级在轨系统帧复用效率研究[J]. 系统仿真学报, 2013, 25(5): 1130-1134.

第5章 基于流量相关性的 AOS 虚拟信道调度优化方法研究

5.1 引 言

在第 3、4 章中分别对 AOS 业务流量短相关下的包信道复用过程、MPDU 复用效率、递推关系式以及业务流量长相关下的多路复用等时帧生成模型和 MPDU 复用效率的影响进行了深入分析和研究。但对 AOS 高级在轨系统两级多路复用机制而言，业务流量相关性的影响不仅局限于包信道复用过程中，其对 AOS 虚拟信道复用过程也具有重要的影响。同时，在进入 AOS 虚拟信道的数据单元中，不仅包含由固定长度 MPDU 组成的 VCDU 数据单元，也包含由位流业务组成的 BPDU 数据单元，其业务流量相关性不仅表现为短相关特性，同时也具有长相关自相似特征，这也使得 AOS 虚拟信道调度的复杂性进一步增加。而传统的等时轮询、优先级轮询的虚拟信道调度算法虽然实现简单，但只是从优先级、轮询时间等指标实施调度，没能充分考虑 AOS 业务特性及流量相关性特征，使得 AOS 虚拟信道调度性能随着业务流量的 H 参数值增大而下降。而 CCSDS 建议书及相关规范中也未定义具体的适合 AOS 的虚拟信道调度策略及模型。为此本章主要对 AOS 虚拟信道优化调度进行分析与研究，结合空间数据系统 AOS 业务及相关性特征，提出基于流量相关性分级策略的虚拟信道优化调度模型，根据业务流量的相关性进行差异化调度，自适应改变权值因子，达到优化调度的目的。其中，针对短相关业务流量，结合 VCLC 子层 MPDU 封装等待时间因子，自适应改变 VCA 子层虚拟信道轮询加权值，提出跨层优化的加权轮询虚拟信道调度（Weigh Polling of Cross Layer

Optimization，WPCLO）算法；针对长相关自相似业务数据，结合 AOS 虚拟信道缓存排队性能和业务紧迫度，构建自适应阀值 T^D，提出了延时累积自适应轮询调度（Scheduling of Delay Accumulated Adaptive Polling，SDAAP）算法，并结合分级调度策略，对虚拟信道利用率、溢出率、平均时延等进行了仿真分析。

5.2　AOS 虚拟信道调度机理

AOS 高级在轨系统在数据链路层采用两级多路复用机制，将空间数据系统多种业务数据最终封装为标准的 AOS 虚拟信道帧结构，并实施虚拟信道调度，如图 5.1 所示。网间业务数据包和其非 CCSDS 包首先经过包封装为 CCSDS 标准包格式，然后经过包信道复用封装为 MPDU 协议数据单元，之后经过虚拟信道帧生成为标准的虚拟信道数据单元 VCDU 等待虚拟信道调用；而路径业务将符合 CCSDS 标准包格式的 CP_SDU 协议数据单元直接进行包信道复用，构成 MPDU 及虚拟信道帧之后进行虚拟信道调度；VCA 业务 VCA_SDU 协议数据单元、位流业务 BPDU 协议数据单元、插入业务 IN_SDU 协议数据单元直接进入虚拟信道帧生成过程等待调度；VCDU 业务 VCDU 协议数据单元符合虚拟信道帧结构可以直接进行调度。

AOS 虚拟信道调度包含了 AOS 所有 8 种业务类型的协议数据单元，其性能直接影响 AOS 空间链路子网 SLS 数据传输效能和质量。对空间数据系统而言，AOS 虚拟信道调度过程实质上就是基于时间片轮询的多虚拟信道并行输入、串行输出的过程。每一虚拟信道对到达的虚拟信道帧进行缓存，并在一个时间周期内，根据相应的调度算法和策略，在虚拟信道轮询分配时间片内发送帧。例如，等时调度轮询策略，对每个虚拟信道分配相同的时间片，当轮询到本缓存时，发送数据；否则，不发送；静态优先级调度策略，根据虚拟信道优先级，采用高优先级先调度，低优先级后调度的方法。但是，由于每个虚拟信道缓存的数据到达率不同，有些缓存数据在轮询时间片内无法发送完毕，从而造成缓存的溢出；而有些信道由于到达数据率低，在轮询时间片内则需要填充空数据包，这就造成了信道利用率的降低，浪费了系统资源。因此，根据 AOS 空间数据系统业务及流量特性，开展 AOS 虚拟信道调度算法及优化方法的深入研究对提高空间数据系统性能具有重要意义。

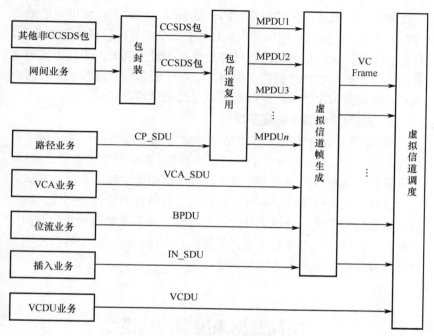

图 5.1 AOS 虚拟信道调度模型

此外，AOS 虚拟信道协议数据单元 VCDU 在 VCA 子层完成虚拟信道调度，以多路复用的方式进行时间片轮询分配。虚拟信道调度根据数据的类型、速率、优先级、时间约束、到达顺序、是否存在插入数据等因素决定，实际中的虚拟信道调度策略主要有三种。

1. 全同步调度策略

全同步调度策略适合数据率较固定且同步的情况，每一虚拟信道按照固定时隙发送。因为各虚拟信道在固定时隙发送，即使在某一时隙空闲，无有效数据传输也必须发送填充数据帧，以保证虚拟信道的顺序和数据业务流的连续性，因此全同步调度策略处理突发数据时效率较低。

2. 全异步调度策略

在全异步调度策略方式下，只有在当前虚拟信道有数据需要发送时才开始传送。当两个或多个虚拟信道同时需要发送时，则根据一定的优先级机制来决定各虚拟信道的传输顺序。这种方式可以灵活地处理突发性业务，信道利用率较高，但对于那些优先权较低的同步业务，有可能因为排队延迟过长而超过它所规定的最大延迟。因此，这种方式较适合于输入数据路数较少的情况。对于输入数据路数较多且同步业务对时延要求很严格的情况则不宜采用全异步方式。

3. 同步/异步混合调度策略

同步/异步混合调度策略把信道分成同步虚拟信道与异步虚拟信道两部分，分配某些时隙用于传送同步数据，其余时隙传送异步数据，同步虚拟信道按照全同步方式复用，异步虚拟信道按照全异步方式复用。混合调度策略适合于具有多数据源且各数据源特性差别较大的系统。采用这种方式，合理地分配同步与异步业务流占用物理信道的比率是关键。这必须根据同步虚拟信道和异步虚拟信道的个数以及同步业务与异步业务数据率之比来确定。

5.3 空间数据系统虚拟信道划分

在空间数据系统空间链路子层中，一个重要特征就是虚拟信道 VC 的概念。虚拟信道用于区分各类不同数据业务以提供各自所需的服务等级。空间数据系统物理信道被划分成多个逻辑信道，每个逻辑信道被单独识别并传输一类数据业务流。虚拟信道使得一个物理空间信道被多个高层数据流以时分复用的方式共享，多种不同类型的数据在一个物理信道上传输成为可能，同时优化的调度策略及方法可以有效防止某一虚拟信道对物理信道的长期占用。本节以载人航天器空间数据系统的用户和业务需求为例，进行空间数据系统的虚拟信道划分的研究与分析。在载人航天器空间数据系统中，选择 9 路虚拟信道进行航天器用户所需要全部数据的下行传输。其中，从虚拟信道 1 到虚拟信道 6 属于异步虚拟信道，虚拟信道 7 和虚拟信道 8 属于同步虚拟信道。此外，第 9 个虚拟信道专门用于产生并传输填充虚拟信道数据单元 VCDU，当信道为空闲时作为填充帧。虚拟信道的具体划分如表 5.1 所示。

表 5.1　虚拟信道划分表

虚拟信道编号	虚拟信道描述
1	采用路径业务，传输平台系统网数据，重要性最高，实时性高，要求延时小
2	采用路径业务，传输生理遥测数据，重要性较高
3	采用路径业务，传输延时遥测数据，重要性一般
4	采用网间业务，传输网间业务数据，重要性一般
5	采用路径业务，传输高速有效载荷的试验数据，重要性一般
6	采用位流业务，传输高速有效载荷的 CCD 图像类数据
7	采用位流业务，传输视频监视的操作监视数据
8	采用位流业务，传输语音和视频等视频会议数据
9	产生并传输填充 VCDU。在任一调度时刻，如果其他 VC 中都为空，则将在 VC9 中产生一个空帧，并通过物理信道进行传输

5.4　虚拟信道调度算法分析与研究

5.4.1　虚拟信道调度算法

根据前面的分析，AOS 虚拟信道调度表现为 VCDU 的多路复用过程，可以将其调度过程等效为一个满足消失制和等待制的混合排队模型，即在 VCDU 到达时，如果复用时隙正在被占用，则新到达数据帧在缓存区未满的条件下进入缓存区等待，若缓存区已满，则丢弃。

目前实际应用于 AOS 虚拟信道调度的调度算法主要包括先来先服务（First Come First Service，FCFS）、时间片轮询（Slot Polling Scheduling，SPS）、优先级调度（Priority Scheduling，PS）三类调度算法。

1. FCFS 调度算法

FCFS 先来先服务调度算法是指严格按照系统中各个虚拟信道中帧到达时间的先后顺序来分配调度时隙，即在当前调度时刻选择最先有帧到达的虚拟信道来占用物理信道，并发送数据帧。

2. SPS 调度算法

SP 轮询调度算法是指对系统中参与调度的虚拟信道按照特定的顺序，轮询虚拟信道来分配调度时隙并发送数据帧，即为系统中每个虚拟信道分配一个固定的时间片，在各自的时间片内该虚拟信道发送数据帧。

3. PS 调度算法

优先级调度算法又分为静态优先级调度算法和动态优先级调度算法，是根据各个虚拟信道对实时性和重要性要求的不同，为每个虚拟信道分配一个优先级，然后按照优先级确定虚拟信道的调度顺序，首先调度具有最高优先级的虚拟信道发送数据帧。如果优先级可以根据网络性能参数自适应变化，则为动态优先级调度；如果优先级固定不变，则为静态优先级调度。

5.4.2 自相似流量下的虚拟信道调度算法性能分析

在短相关流量模型下，由于数据流量突发性较低，一般调度算法的性能指标如平均延迟、最大延迟、溢出量等都能表现出良好的性能。但 AOS 空间数据系统流量特性不仅表现为短相关特性，同时也具有长相关自相似特性。研究现有调度算法下的 AOS 业务流量多时间尺度下的长相关自相似特性，进行自相似流量下的虚拟信道调度算法性能分析，其结论对建立符合 AOS 业务流量特性的优化调度策略和方法具有重要意义。

本小节针对 FCFS、等时轮询、静态优先级虚拟信道调度算法，在自相似 H 系数逐渐增大、业务流量突发性逐渐增强的情况下，仿真比较平均延迟、最大延迟、最优延迟以及平均溢出量、最大溢出量、最优溢出量。设虚拟信道数为 8，虚拟信道下行发送速率为 10000 帧/s，H 值从 0.5 变化到 0.95，缓存容量为 10000 帧，各虚拟信道到达数据单元为符合 Pareto 分布自相似业务流，$\alpha = 3$，叠加点数为 2000，由此产生的数据流量在虚拟信道调度开始时到达。延迟时间定义为从调度开始到本信道最后一个帧发送结束的时间，是发送时间和等待调度时间的总和。

1. 平均延迟

平均延迟是指每个虚拟信道延迟的平均值。从图 5.2 可以看出，随着 H 值逐渐增大，FCFS、等时轮询、静态优先级虚拟信道调度算法平均延迟逐渐增大，当 H 值增大到 0.9 后，延迟迅速增大。表明业务流量的自相似性降低了系统平均延迟性能。

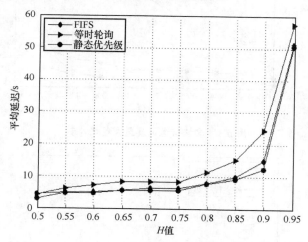

图 5.2　虚拟信道调度平均延迟比较

2. 最大延迟

最大延迟是指在各个虚拟信道中，在最坏情况下，虚拟信道所产生的延迟最大值。从图 5.3 可以看出，随着 H 值逐渐增大，FCFS、等时轮询、静态优先级虚拟信道调度算法最大延迟逐渐增大，当 H 值增大到 0.9 后，延迟迅速增大。表明业务流量的自相似性降低了系统最大延迟性能。

3. 最优延迟

最优延迟是指在各个虚拟信道中，在最好情况下，虚拟信道所产生的延迟最小值。从图 5.4 可以看出，随着 H 值逐渐增大，FCFS、等时轮询、静态优先级虚拟信道调度算法最优延迟逐渐增大。表明业务流量的自相似性降低了系统最优延迟性能。

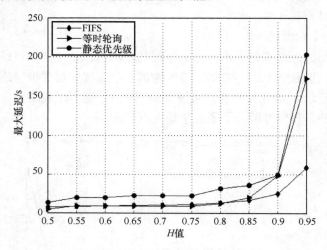

图 5.3　虚拟信道调度最大延迟比较

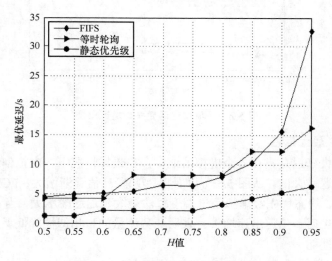

图 5.4　虚拟信道调度最优延迟比较

4. 平均溢出量

平均溢出量是指各虚拟信道溢出的数据帧总量的平均值。从图 5.5

可以看出，随着 H 值逐渐增大，FCFS、等时轮询、静态优先级虚拟信道调度算法平均溢出率逐渐增大。表明业务流量的自相似性增加了系统的平均溢出量。

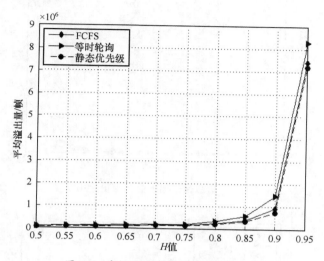

图 5.5　虚拟信道调度平均溢出率比较

5. 最大溢出量

最大溢出量是指在各个虚拟信道中，在最坏情况下，虚拟信道所产生的溢出量的最大值。从图 5.6 可以看出，随着 H 值逐渐增大，FCFS、等时轮询、静态优先级虚拟信道调度算法最大溢出量逐渐增大，当 H 值增大到 0.9 后，最大溢出量迅速增大。表明业务流量的自相似性增加了系统最大溢出量。

最优溢出量是指在各个虚拟信道中，在最好情况下，虚拟信道所产生的溢出量的最小值。从图 5.7 可以看出，随着 H 值逐渐增大，FCFS、等时轮询、静态优先级虚拟信道调度算法最优溢出量逐渐增大。表明业务流量的自相似性增加了系统最优溢出量。

从上面对三种调度算法的延迟及溢出量比较来看，在 H=0.5 附近表示流量具有短相关的特性，此时的流量较平稳，延时及溢出量都保持在较低水平；而当 H 值增大，AOS 业务流量的自相似性增加了到达数据流量的突发性，使传统的调度算法性能大为降低。

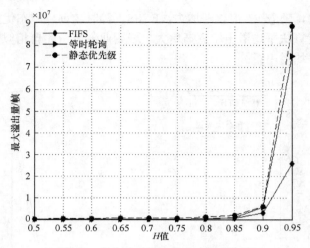

图 5.6　虚拟信道调度最大溢出量比较

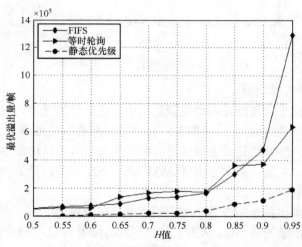

图 5.7　虚拟信道调度最优溢出量比较

5.5　基于流量相关性的 AOS 虚拟信道分级调度

通过对传统调度算法和调度模型的研究可以发现，传统调度算法只是针对短相关（$H=0.5$）流量特性而设计的，随着流量自相似性增大（H 值逐渐向 1 变化），空间数据系统流量的突发性增强，体现调度性能的延迟、丢帧等指标发生较大的变化，调度性能急剧下降。因此，针对 AOS 自相似业务流量突发性引起虚拟信道调度性能下降问题，完善 AOS 调度算法使其适应不同相关性流量特性的各自要求，达到流量调度的优化目的，本章提出一种基于流量相关性分级策略的虚拟信道调度模型，构建 AOS 虚拟信道调度总体优化控制方案，并将流量的长、短相关性与 AOS 业务类型、下行速率因素相结合，进行分级调度。其中，针对中、低速率的短相关 MPDU 数据，提出一种信道跨层优化的虚拟信道调度模型；针对自相似性的长相关流量的高速数据，则提出一种基于流量相关性的虚拟信道分级调度模型，其总体框图如图 5.8 所示。

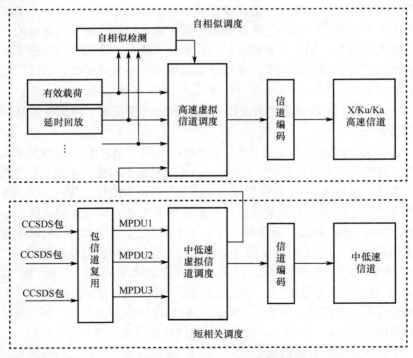

图 5.8　基于流量相关性的虚拟信道分级调度模型总体框图

图 5.8 中，对高速数据流量首先进行自相似检测，根据检测参量自适应设定门限阈值，进行自相似调度；而对于经过包信道复用的中、低速数据单元 MPDU，根据包信道复用 MPDU 成帧特性，进行等待时间阀值与调度时间片的跨层优化，之后可以进入高速调度缓存，作为低 H 值流量进行调度，也可以直接进入中、低速下行信道传输。进行虚拟信道的分级调度的优点表现在

1. 基于流量相关性的虚拟信道的分级调度根据业务类型及流量特性进行差异化的调度，优化了 AOS 服务质量

根据 CCSDS 的 AOS 高级在轨系统建议书，AOS 针对中、低速数据的传输特点，利用封装业务和 MPDU 复用业务，将中低速数据封装为多路复用数据单元 MPDU；而对于高速数据一般采用位流业务整合为位流业务数据单元 BPDU。同时，对于采用标准 CCSDS 包的 MPDU 数据单元，其中，低速业务流量在调度前端的到达统计分布更多地表现为短相关特性，而高速流量更多地由于自相似特性表现出明显的自相似突发特性。采用分级调度后，根据业务类型、流量特性及速率，进行差异化虚拟信道调度，在虚拟信道调度的各级采用适合本级流量的调度算法及策略，从而更好的保证 AOS 服务质量。

2. 基于流量相关性的虚拟信道的分级调度保证了数据的按需调度与发送

AOS 高级在轨系统支持中、低速数据复用为 MPDU 协议数据单元进行传输。采用虚拟信道分级调度后，可以根据空间数据系统业务及流量需求，进行 MPDU 协议数据单元在下行信道中的优化传输，在高速传输信道空闲或具有高紧迫度的传输业务及流量需要高速的情况下，AOS 可以进行 MPDU 复用和一级中低速调度之后，进入二级的高速虚拟信道调度，由 X/Ku/Ka 高速信道进行下行传输；也可以根据需求，在 MPDU 复用和一级中低速调度之后，直接进入中低速信道下行传输。AOS 虚拟信道分级调一方面在高速虚拟信道空闲时，如回放数据、有效载荷等的空闲期，传输中、低速的 MPDU 协议数据单元，提高高速信道的利用率；另一方面，能够有效提高虚拟信道调度的吞吐性能，改善中、低速数据传输的延迟性能。AOS 虚拟信道分级调策略根据实际需求，同时满足了空间速在虚拟信道中的高速和低速的传输要求。

3. 基于流量相关性的虚拟信道的分级调度对 AOS 同步和异步传输模式进行优化

AOS 数据传输模式分为同步（等时）、异步模式。对于高速传输数据，特别是实时性要求较高的数据，多采用同步传输模式；而对于中、低速数据，特别是多路复用后的数据采用异步传输模式。其中，在 AOS 同步模式中，各虚拟信道在指定时隙占用物理信道，每个虚拟信道的顺序是固定的且不断重复。这种方式适合于大多数业务是同步的且数据率固定的情况。因为各个虚拟信道在固定时隙传送，即使在某一时隙没有有效数据也必须发送填充数据以保持虚拟信道的顺序和数据流的连续性，因此这种方式不适于处理突发性业务；在 AOS 异步传输模式下，当两个或两个以上虚拟信道同时被填满时，则需要根据一定的优先级机制来决定各虚拟信道的传输。这种方式可以灵活地处理突发性业务，信道利用率较高，但对于那些优先权较低的业务，有可能因为排队延迟过长而超过它所规定的最大延迟。因此，这种方式较适合于输入数据路数较少的情况。对于输入数据路数较多且同步业务对时延要求很严格的情况则不宜采用异步方式。而采用分级调度策略后，能够很好完善和改进同步、异步模式各自不足，适合 AOS 具有多数据源且各数据源特性相差较大的特点，保证了同步和异步传输的高效复用和调度。

基于流量相关性的虚拟信道的分级调度策略，分别对各级虚拟信道调度采用差异性调度策略。在中、低速虚拟信道调度中，根据中、低速多路复用数据单元 MPDU 流量短相关特性提出一种跨层优化的加权轮询虚拟信道调度（WPCLO）算法；而在高速虚拟信道调度中提出一种流量自相似下的延时累积自适应轮询调度（SDAAP）算法。

5.5.1 流量短相关跨层优化的加权轮询虚拟信道调度算法

在短相关虚拟信道调度中，前端的输入数据是在虚拟信道链路控制 VCLC 子层经过包信道复用后的多路复用数据单元 MPDU，而每路 MPDU 到达的帧生成时间为 T_{Wi}。设虚拟信道编号为 $1,2,3\cdots i$，调度周期为 T，α_i 为在虚拟信道存取 VCA 子层的时间片分配权值，则每个虚拟信道分配的时间片为 $\alpha_1 T$，$\alpha_2 T$，$\cdots$，$\alpha_i T$。其中，$\alpha_1 + \alpha_2 \cdots + \alpha_i = 1$。

则在一个调度周期 T 内，编号为 i 的虚拟信道输入 VCDU 帧速率为 $v_{in}^{(i)}$，即到达帧速率 $v_{in}^{(i)}$ 表示为

$$v_{\text{in}}^{(i)} = \frac{T}{T_{Wi}} \qquad (5\text{-}1)$$

若虚拟信道的下行信道容量表示 C，定义为下行信道最大 VCDU 帧速率，则在分配时间片 α_i 内，虚拟信道输出的数量

$$v_{\text{out}}^{(i)} = \alpha_i CT \qquad (5\text{-}2)$$

虚拟信道调度分为以下三种情况。

（1）当 $v_{\text{in}}^{(i)} < v_{\text{out}}^{(i)}$ 时，即单位时间到达的虚拟信道数据单元 VCDU 帧数目小于下行传输速率时，需要插入填充帧，这样会导致信道利用率降低；

（2）当 $v_{\text{in}}^{(i)} > v_{\text{out}}^{(i)}$ 时，即单位时间到达的虚拟信道数据单元 VCDU 帧数目大于下行传输速率时，会导致缓存容量逐渐增大，易导致缓存溢出；

（3）当 $v_{\text{in}}^{(i)} = v_{\text{out}}^{(i)}$ 时，即单位时间到达的虚拟信道数据单元 VCDU 帧数目等于下行传输速率时，此时帧到达速率与输出速率匹配达到最优。

设在虚拟信道调度输入输出匹配情况下，即在调度轮询时隙 i 内到达帧速率等于下行输出帧速率，虚拟信道调度达到最优，则

$$v_{\text{in}}^{(i)} = v_{\text{out}}^{(i)} \qquad (5\text{-}3)$$

由式（5-1）～式（5-3）可得

$$\frac{T}{T_{Wi}} = \alpha_i CT \qquad (5\text{-}4)$$

即

$$\alpha_i = \frac{1}{T_{Wi}C} \qquad (5\text{-}5)$$

在一个调度周期内，虚拟信道的有效数据传输量表示为 R，则 R 为

$$R = (\eta_1, \eta_2, \cdots, \eta_i) \cdot \begin{bmatrix} \alpha_1 CT \\ \alpha_2 CT \\ \vdots \\ \alpha_i CT \end{bmatrix} \qquad (5\text{-}6)$$

式中 $\eta_1, \eta_2, \cdots, \eta_i$ ——MPDU 复用效率。

定义虚拟信道利用率为在一个虚拟信道调度周期内下行信道容量总数据量中有效数据传输量所占比例，虚拟信道利用率用 γ 表示，则

$$\gamma = \frac{R}{CT} \tag{5-7}$$

将式（5-6）代入式（5-7）得

$$\gamma = (\eta_1, \eta_2, \cdots, \eta_i) \cdot \begin{bmatrix} \alpha_1 \\ \alpha_2 \\ \vdots \\ \alpha_i \end{bmatrix} \tag{5-8}$$

可得

$$\gamma = \eta_1 \alpha_1 + \eta_2 \alpha_2, \cdots, + \eta_i \alpha_i \tag{5-9}$$

根据第 3 章短相关有限缓存模型 1 可知，在第 i 虚拟调度信道中，第 1 个时间片内的 MPDU 复用效率（一阶复用效率）可表示为

$$\eta_i^{(1)} = \sum_{n=0}^{N} \frac{n}{N} \cdot \frac{(\lambda T_{Wi})^n \mathrm{e}^{-\lambda T_{Wi}}}{n!} + \sum_{n=N+1}^{B} \frac{(\lambda T_{Wi})^n \mathrm{e}^{-\lambda T_{Wi}}}{n!} \tag{5-10}$$

将式（5-10）带入式（5-9）中，设 MPDU 一阶复用效率对应的一阶虚拟信道利用率表示为 $\gamma^{(1)}$，则

$$\gamma^{(1)} = \left[\sum_{n=0}^{N} \frac{n}{N} \cdot \frac{(\lambda T_{W1})^n \mathrm{e}^{-\lambda T_{W1}}}{n!} + \sum_{n=N+1}^{B} \frac{(\lambda T_{W1})^n \mathrm{e}^{-\lambda T_{W1}}}{n!} \right] \alpha_1$$

$$+ \left[\sum_{n=0}^{N} \frac{n}{N} \cdot \frac{(\lambda T_{W2})^n \mathrm{e}^{-\lambda T_{W2}}}{n!} + \sum_{n=N+1}^{B} \frac{(\lambda T_{W2})^n \mathrm{e}^{-\lambda T_{W2}}}{n!} \right] \alpha_2 \tag{5-11}$$

$$\cdots + \left[\sum_{n=0}^{N} \frac{n}{N} \cdot \frac{(\lambda T_{Wi})^n \mathrm{e}^{-\lambda T_{Wi}}}{n!} + \sum_{n=N+1}^{B} \frac{(\lambda T_{Wi})^n \mathrm{e}^{-\lambda T_{Wi}}}{n!} \right] \alpha_i$$

式中　　$\alpha_1 + \alpha_2 \cdots + \alpha_i = 1$。

在第 i 虚拟调度信道中，第 2 个时间片内的 MPDU 复用效率（二阶复用效率）可表示为

$$\eta_i^{(2)} = \left[\sum_{n=0}^{N} \frac{n}{N} \cdot p''(n|T_f = T_{Wi}) + \sum_{n=N+1}^{B} p''(n|T_f = T_{Wi}) \right] \quad (5\text{-}12)$$

则二阶虚拟信道利用率 $\gamma^{(2)}$ 为

$$\gamma^{(2)} = \left[\sum_{n=0}^{N} \frac{n}{N} \cdot p''(n|T_f = T_{W1}) + \sum_{n=N+1}^{B} p''(n|T_f = T_{W1})\alpha_1 \right.$$

$$+ \left[\sum_{n=0}^{N} \frac{n}{N} \cdot p''(n|T_f = T_{W2}) + \sum_{n=N+1}^{B} p''(n|T_f = T_{W2})\alpha_2 \right. \quad (5\text{-}13)$$

$$\cdots + \left[\sum_{n=0}^{N} \frac{n}{N} \cdot p''(n|T_f = T_{Wi}) + \sum_{n=N+1}^{B} p''(n|T_f = T_{Wi})\alpha_i \right.$$

进而，可以得到 j 阶虚拟信道利用率 $\gamma^{(j)}$ 为

$$\gamma^{(j)} = \left[\sum_{n=0}^{N} \frac{n}{N} \cdot p^{(j)}(n|T_f = T_{W1}) + \sum_{n=N+1}^{B} p^{(j)}(n|T_f = T_{W1})\alpha_1 \right.$$

$$+ \left[\sum_{n=0}^{N} \frac{n}{N} \cdot p^{(j)}(n|T_f = T_{W2}) + \sum_{n=N+1}^{B} p^{(j)}(n|T_f = T_{W2})\alpha_2 \right. \quad (5\text{-}14)$$

$$\cdots + \left[\sum_{n=0}^{N} \frac{n}{N} \cdot p^{(j)}(n|T_f = T_{Wi}) + \sum_{n=N+1}^{B} p^{(j)}(n|T_f = T_{Wi})\alpha_i \right.$$

通过式（5-11）、式（5-13）和式（5-14）可以看出，虚拟信道利用率除了与 MPDU 各阶复用效率模型有关外，还受 VCLC 子层的帧生成时间 T_{Wi} 和 VCA 子层的虚拟信道时间片分配权值 α_i 影响。

设虚拟信道调度满足输入输出匹配条件，将式（5-5）代入式（5-14），则 j 阶虚拟信道利用率 $\gamma^{(j)}$ 表示为

$$\gamma^{(j)} = \left[\sum_{n=0}^{N} \frac{n}{N} \cdot p^{(j)}(n|T_f = T_{W1}) + \sum_{n=N+1}^{B} p^{(j)}(n|T_f = T_{W1})\frac{1}{T_{W1}C}\right]$$

$$+ \left[\sum_{n=0}^{N} \frac{n}{N} \cdot p^{(j)}(n|T_f = T_{W2}) + \sum_{n=N+1}^{B} p^{(j)}(n|T_f = T_{W2})\frac{1}{T_{W2}C}\right] \quad (5\text{-}15)$$

$$\cdots + \left[\sum_{n=0}^{N} \frac{n}{N} \cdot p^{(j)}(n|T_f = T_{Wi}) + \sum_{n=N+1}^{B} p^{(j)}(n|T_f = T_{Wi})\frac{1}{T_{Wi}C}\right]$$

通过式（5-15）可以看出，当虚拟信道满足输入输出匹配，即 $v_{in}^{(i)} = v_{out}^{(i)}$ 情况下，时间片分配权值 α_i 可以用 T_{Wi} 表示，虚拟信道的利用率也用 T_{Wi} 表示。则通过优化 VCA 子层时间片分配权值 α_i，使 α_i 与 MPDU 帧生成时间匹配，从而达到对虚拟信道利用率跨的层优化目的，实现跨层优化的加权轮询虚拟信道调度（Weigh Polling of Cross Layer Optim,WPCLO），以下简称跨层优化调度。

针对跨层优化调度的性能进行仿真分析与对比。设虚拟信道容量 C 为 10000 帧/秒，首先观察两个虚拟信道跨层优化性能，虚拟信道满足 $\alpha_1 + \alpha_2 = 0.8$，且自适应变化；$\alpha_3 + \cdots + \alpha_i = 0.2$，且保持不变，仿真采样点取值为 40，具体仿真对比值如表 5.2 所示。

表 5.2　跨层优化的加权轮询调度仿真对比值

	$k=1$	$k=2$	$k=3$	$k=4$	$k=5$	$k=6$	$\cdots$	$k=40$
$T_{Wi}(k)$/ms	0.125	0.128	0.132	0.135	0.139	0.143	$\cdots$	5
α_1	0.80	0.78	0.76	0.74	0.72	0.70	$\cdots$	0.02
α_2	0	0.02	0.04	0.06	0.08	0.10	$\cdots$	0.78
η_i	0.092	0.204	0.289	0.435	0.487	0.559	$\cdots$	1

将跨层优化的加权轮询虚拟信道调度算法与等时调度算法进行比较，如图 5.9 所示。

在帧生成时间发生变化时，对比 1 阶、2 阶跨层优化的加权轮询虚拟信道调度与等时调度虚拟信道利用率。可知，若采用虚拟信道等时调度，当 VCLC 子层的 MPDU 帧生成时间变化时，虚拟信道等时调度始终采用相等的固定时间片分配权值，即 $\alpha_1 = \alpha_2$；而当采用跨层优化的加权轮询虚拟信道调度时，时间片分配权值 α_1、α_2 随 MPDU 帧生成时间 T_{W1} 自适应变化。从图 5.9 中可以看出，对虚拟信道等时调度算法，当成帧时间 T_{W1} 较小时，在相同包到达率下，MPDU 复用效率较低，在一个 T 调度周期内，到达的 VCDU 帧数目较多，而被分配相等的时间片权值，从而导致虚拟信道利用率较低；而当成帧时间 T_{W1} 较大时，虽然 MPDU 复用效率能达到较高，但由于在一个调度周期内，到达的 VCDU 帧数目较少，被分配相等的时间片权值，会导致大量的空闲时间用来传输填充帧，从而也引起虚拟信道利用率的下降。而采用跨层优化的加权轮询虚拟信道调度时，调度时间片分配权值 α_1、α_2 跟随 T_{W1} 自适应改变，从而大大提高了虚拟信道利用率整体性能。另外，从图 5.9 中可以看出，1 阶与 2 阶虚拟信道跨层调度的信道利用率近似相等且具有相同的变化趋势，表明跨层调度算法阶数对虚拟信道利用率影响不大。

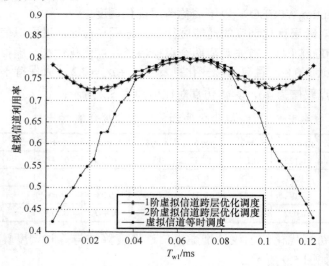

图 5.9　帧生成时间与虚拟信道利用率关系

在对虚拟信道跨层优化调度算法信道利用率的对比分析的基础上，对其平均延迟进行了仿真分析。并在原有的仿真参数设定条件下，设 AOS 虚拟信道 VCDU 帧长度为一固定值，仿真 40 个 T_{W1} 变化值下

的虚拟信道延迟，并分别各自调度算法下的平均延迟。由式（5-16）表示

$$\overline{D}\big|_{L_{VCDU}=M} = \frac{1}{N}\sum_{k=1}^{N=40} D(T_W = T_W(k)) \qquad (5\text{-}16)$$

式中 $D(T_{W1} = T_W(k))$——在 T_{W1} 等于 $T_W(k)$ 时，虚拟信道延迟值；

$\overline{D}\big|_{L_{VCDU}=M}$——VCDU 帧长度为 M 时的平均延迟。

然后，改变 AOS 虚拟信道 VCDU 帧长度，比较平均延迟变化情况。图 5.10 给出了在 VCDU 帧长度变化情况下，虚拟信道跨层优化调度算法与虚拟信道等时调度算法平均延时对比。

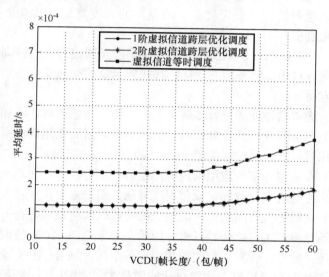

图 5.10　虚拟信道跨层优化调度与等时调度算法平均延时对比

由图 5.10 可知，随着虚拟信道 VCDU 帧长度增大，跨层优化和等时调度的平均延迟都缓慢上升。因为跨层优化调度的信道利用率比等时调度高，传输单位 VCDU 帧的平均时间较短，因此平均延迟始终低于等时调度算法。

通过前面分析可以看出，针对短相关流量下固定包长 MPDU 成帧的虚拟信道调度，提出的跨层优化的加权轮询虚拟信道调度在信道利

117

用率及平均延迟方面都优于传统的等时调度，其时间片权值自适应变化更适合 AOS 空间数据系统的虚拟信道复用。

5.5.2　流量自相似下的延时累积自适应轮询调度算法

通过第 4 章对流量自相似特性的分析，AOS 业务流量不仅表现为短相关，也表现为长程相关性、自相似性、重尾特性等，不同于流量短相关特性，长相关自相似流量具有更强的突发性，如 5.3.2 节所述，随着业务流量自相似及突发性增强传统的虚拟信道调度算法在延迟、溢出量等性能迅速下降，严重影响了 AOS 空间数据系统复用性能，因此，开展时候空间数据系统复杂流量条件下，特别是高自相似、重尾特性及突发性业务流量下的调度算法，具有重要的意义和实用价值。

而 AOS 高级在轨系统现有的等时调度及固定阈值的轮询调度算法难以适应自相似业务动态变化。其业务流量的动态变化主要体现在以下几方面。

（1）虚拟信道业务包含多种类型，数据的传输速率各不相同；

（2）多信源业务流量叠加以及信源本身数据的重尾特性所产生的流量自相似，增加了虚拟信道 VCDU 帧到达的突发性；

（3）有限缓存下的虚拟信道溢出也会使下行流量产生动态变化。

如采用等时调度或固定阈值调度算法，用户需要预先在配置文件中设定好延时等待时间阈值。而过长的等待时间将造成等待开销，等待时间不足将产生网络传输开销。因此，为了适应 AOS 空间数据系统业务流量特性，针对长相关自相似业务数据，结合 AOS 虚拟信道缓存排队性能和紧迫度，构建自适应阈值 T^D，提出了一种延时累积自适应轮询调度（Scheduling of Delay Accumulated Adaptive Polling，SDAAP）算法，以下简称延时累积算法，并结合分级调度策略，对虚拟信道利用率、溢出率、平均时延等进行了仿真分析。

5.5.2.1　延时累积自适应轮询调度算法

在 AOS 空间数据系统虚拟信道调度过程中，设系统采用 FCFS（First Come First Service）的服务策略，且进入系统的 VCDU 帧被缓存。则对于此排队系统的存储过程可以用自相似过程 $X(\tau)$ 来描述为

$$X(\tau) = \sup_{t,\tau>0}(A(t+\tau) - A(t) - C\tau) \qquad (5\text{-}17)$$

式中　C——服务速率；

　　$A(t)$——t 时刻到达的总 VCDU 帧数；

　　sup——上确界。

则，到达数据流量大于阈值的概率为

$$P(X(\tau) > x)$$

$$= P(\sup_{t,\tau>0}(A(t+\tau) - A(t) - C\tau) > x)$$

$$\geqslant \max\{P(A(t+\tau) - A(t) - C\tau > x)\} \qquad (5\text{-}18)$$

$$\geqslant A(t+\tau) - A(t) - C\tau > x$$

$$\geqslant v\tau + \sqrt{gv}(B_H(t+\tau) - B_H(t))$$

基于大偏差理论，缓存排队长度大于设定阈值 x 的概率（即缓冲区溢出概率）的计算公式表示为

$$P(X > x) = \exp\left(-\frac{(C-m)^{2H}x^{2(1-H)}}{2H^{2H}(1-H)^{2(1-H)}am}\right) \qquad (5\text{-}19)$$

1. 缓存排队长度 L 的数学期望

缓存排队概率分布函数为

$$F(x) = P(X < x) = 1 - P(X > x) \qquad (5\text{-}20)$$

设

$$K = 2(1-H) , \quad Q = \frac{(C-m)^{2H}}{2H^{2H}(1-H)^{2(1-H)}am}$$

则缓存排队长度分布函数可表示为

$$F(x) = 1 - e^{-Q \cdot x^K} \qquad (5\text{-}21)$$

由缓存排队的分布函数可得概率密度函数为

$$f(x) = Q \cdot K \cdot e^{-Q \cdot x^K} \cdot x^{K-1} \qquad (5\text{-}22)$$

进而可得队列长度的期望为

$$E(L) = \int_0^\infty x \cdot f(x) \mathrm{d}x$$

$$= \int_0^\infty x \cdot Q \cdot K \cdot \mathrm{e}^{-Q \cdot x^K} \cdot x^{K-1} \mathrm{d}x$$

（5-23）

令

$$u = Q \cdot x^K$$

可得

$$E(L) = \left(\frac{1}{Q}\right)^{1/K} \int_0^\infty u^{1/K} \cdot \mathrm{e}^{-u} \mathrm{d}x$$

（5-24）

利用 gamma 函数 $\varGamma$ 可表示为

$$E(L) = \left(\frac{1}{Q}\right)^{1/K} \cdot \varGamma(1/K + 1)$$

（5-25）

2. 流量延时 T_d 数学期望

根据排队论可知，流量延迟 T_d 的数学期望为

$$E(T_d) = E(L)/C = \left(\frac{1}{Q}\right)^{1/K} \cdot \varGamma(1/K + 1)/C$$

（5-26）

3. 队列长度方差

队列的方差表示为

$$D(L) = E(L^2) - E^2(L)$$

（5-27）

则，其中

$$E(L^2) = \int_0^\infty x^2 \cdot f(x) \mathrm{d}x = \int_0^\infty x^2 \cdot K \cdot Q \cdot \mathrm{e}^{-Q \cdot x^K} \cdot x^{K-1} \mathrm{d}x$$

（5-28）

令

$$u = Q \cdot x^K$$

可得

$$E(L^2) = \left(\frac{1}{Q}\right)^{2/K} \cdot \varGamma(2/K + 1)$$

（5-29）

因此

$$D(L) = E(L^2) - E^2(L) = \left(\frac{1}{Q}\right)^{2/K} \cdot [\varGamma(2/K+1) - \varGamma^2(1/K+1)] \quad (5\text{-}30)$$

4. 虚拟信道延迟紧迫度 J^D

空间数据系统提供的数据既包括同步数据（如音频、视频），又包括和异步数据（如延迟回放数据、有效载荷数据等）。同步数据对实时性要求较强；异步具有更强的灵活性和突发性。通过定义数据业务的紧迫度，在虚拟信道复用调度中区分处理，从而提高空间数据传输的服务质量。

定义 1 虚拟信道业务的紧迫度

$$J^D = \begin{cases} 0, & \text{同步} \\ 1,2,3,\cdots, & \text{异步} \end{cases} \quad (5\text{-}31)$$

$J^D = 0$ 表示紧迫度最高，即为实时同步业务，虚拟信道在轮询到 $J^D = 0$ 传输业务时，在轮询时隙内无延迟调度；$J^D = 1,2,3\cdots$ 紧迫度逐渐降低，启动延迟调度算法。

5. 自适应延迟阀值 T^D

定义 2 自适应延迟阀值

$$T^D = J^D \cdot T_d = J^D \cdot \left(\frac{1}{Q}\right)^{1/K} \cdot \varGamma(1/K+1)/C \quad (5\text{-}32)$$

情况 1 当 $J^D = 0$ 时，$T^D = 0$。表明对同步业务延迟等待时间为 0，即不采用延迟机制，进行等时轮询调度。

情况 2 当 $T^D > 0$ 时，启动延迟调度算法，延迟阀值大小由延迟紧迫度 J^D、流量自相似度 H、平均到达速率 m、流量离差 a 及下行速率 C 决定，并自适应调节阀值 T^D。

5.5.2.2 SDAAP 调度算法实现步骤

SDAAP 调度算法的实现流程如图 5.11 所示。
SDAAP 调度算法的具体实现步骤如下。

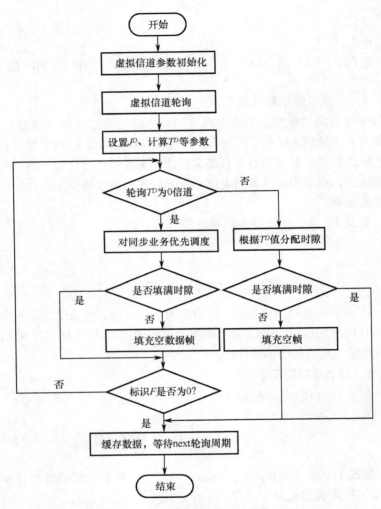

图 5.11　SDAAP 调度算法的实现流程

步骤 1　根据空间通信特性及 AOS 高级在轨系统规范,初始化虚拟信道参数,包括虚拟信道序号 i 和虚拟信道传输标识 F;

步骤 2　进行虚拟信道轮询,通过检测赫斯特 H 参数值,计算每个虚拟信道排队长度、J^D 参数、排队延时 T_d,计算当前信道自适应延迟阈值 T^D;

步骤 3 轮询自适应延迟阈值 T^D 为 0 的虚拟信道；

步骤 4 对延迟阈值 T^D 等于 0 的虚拟信道，即满足同步业务数据优先调度，并根据时隙填满情况填充空数据帧；

步骤 5 判断虚拟信道传输标识 F 是否为 0，不为 0 说明还有空闲时隙可调度，则返回步骤 3；

步骤 6 若延迟阈值 T^D 等于 0 的虚拟信道调度完毕，进入异步业务调度，根据每个剩余信道 T^D 值，进行时隙的加权分配，并根据时隙填满情况填充空数据帧；

当前到达的 VCDU 数据流量，计算虚拟信道 i 所需服务时间 T_i，将 T_i 与延迟阈值 T^D 比较，若大于阈值，则立即调度；否则，延迟调度；

步骤 7 各虚拟信道根据调度情况对为发送数据进行缓存，等待下一轮询周期调度，结束本轮询周期调度。

下面结合 AOS 虚拟信道分级调度策略，对基于延时累积自适应轮询调度 SDAAP 的 AOS 虚拟信道调度总体优化控制方案的进行仿真分析。

5.5.3 AOS 虚拟信道调度总体优化控制仿真分析

5.5.3.1 AOS 业务流量

为了进行 AOS 空间数据系统业务流量的虚拟信道调度性能仿真分析，获得具有短相关、长相关特性的多信源 AOS 业务流量是首要前提。考虑到真实的空间数据系统流量数据由于其敏感性及保密性难于获取及不能公开，因此，仿真生成具有不同流量相关性的业务流量是首选方法。而通过 4.4 节的研究分析可知，FARIMA(p,d,q) 过程可以看作是 ARIMA(p,d,q) 过程的特殊形式，同时扩展了 FBM 或 FARIMA($0,d,0$) 的描述能力，最主要的是 FARIMA(p,d,q) 具有长短混合的相关数据结构，能够根据参数设定生成短相关或长相关自相似业务流量。因此，选择 FARIMA(p,d,q) 作为 AOS 业务流量的生成模型。

基于 FARIMA(p,d,q) 模型的流量生成过程分为两步。

步骤 1 产生分数差分噪声 Y_t，即对零均值 δ^2 方差的白噪声序列做参数为 $-d$ 的分数差分滤波，得到分数差分噪声 Y_t；

步骤 2 用分数差分噪声 Y_t 激励 ARMA 过程，产生 FARIMA(p,d,q) 过程。

其中分数差分滤波是关键，参数为 $-d$ 的分数差分滤波用冲激响应表示为

$$h(n) = (-1)^n \binom{-d}{n} \tag{5-33}$$

式中

$$\binom{-d}{n} = \frac{\varGamma(1-d)}{\varGamma(n+1)\varGamma(1-d-n)} \tag{5-34}$$

若白噪声序列表示为 $x(n)$，则

$$y(n) = x(n)*h(n) \tag{5-35}$$

分数差分噪声 Y_t 是白噪声序列与差分滤波器冲激响应的卷积。用 Y_t 替换原 ARMA 的白噪声，然后选取适当的阶数 p 和 q 以及相应的 AR、MA 多项式系数，用 ARMA 过程产生方法生成 FARIMA(p,d,q) 过程。且当 $0 < d < 0.5$ 时，FARIMA(p,d,q) 过程是渐进二阶自相似过程，其 Hurst 参数 $H = d + 0.5$。

图 5.12 是利用 FARIMA(p,d,q) 过程生成的不同 d 值的自相似业务流。

从 AOS 业务流量仿真结果中可以看出，随着 d 增加，自相似程度增强，数据流的突发性增强。

5.5.3.2 仿真分析

1. 仿真产生设置

为了分析基于分级调度策略的 AOS 总体调度优化方案，比较 SDAAP 延迟调度算法的性能，下面将 SDAAP 延迟调度与固定阈值延迟调度（Delay Scheduling, DS）及不采用延迟调度的公平等时轮询调度（Equivalent Scheduling, ES）算法进行比较。并根据 5.2 节空间数据系统虚拟信道划分进行了仿真参数设置如表 5.3 所示。

根据 AOS 虚拟信道仿真参数设置，结合 FARIMA(p,d,q) 过程，对 AOS 业务流量进行仿真生成，其中，$p = 1$，$q = 1$，AR、MA 多项式系数 $\phi = 0.5$，$\theta = 0.2$，样本点数为 10000。并利用 4.4.2 节 R/S 分析法进行了 H 参数检测，结果如表 5.4 所示。

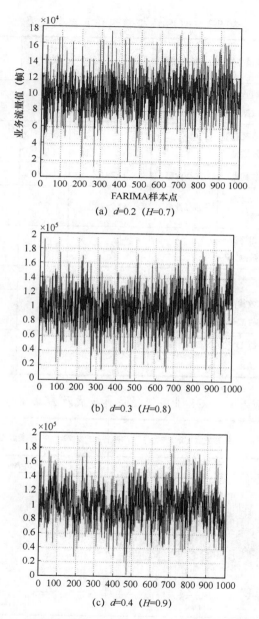

(a) d=0.2 (H=0.7)

(b) d=0.3 (H=0.8)

(c) d=0.4 (H=0.9)

图 5.12　FARIMA（p=1，q=1）生成的自相似业务流

表 5.3　AOS 虚拟信道仿真参数设置

虚拟信道	传输数据	业务类型	平均帧到达率/（帧/s）	H	紧迫度	传输类型
VC1	视频监视数据	位流业务	$41.5×10^3$	0.55	0	同步
VC2	语音视频会议数据	位流业务	$53.6×10^3$	0.6	0	同步
VC3	系统数据	路径业务	$27.8×10^3$	0.6	1	异步
VC4	生命遥测数据	路径业务	$41.7×10^3$	0.7	2	异步
VC5	延迟遥测数据	路径业务	$32.6×10^3$	0.8	3	异步
VC6	网间数据	网间业务	$15.7×10^3$	0.5	4	异步
VC7	有效载荷试验数据	路径业务	$72.7×10^3$	0.7	3	异步
VC8	CCD图像	位流业务	$94.3×10^3$	0.6	2	异步

表 5.4　AOS 业务流量仿真生成及 H 参数检测

虚拟信道	业务流量生成	H 参数检测
VC1	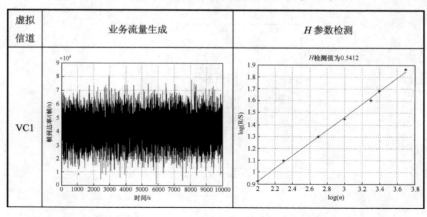	

126

（续）

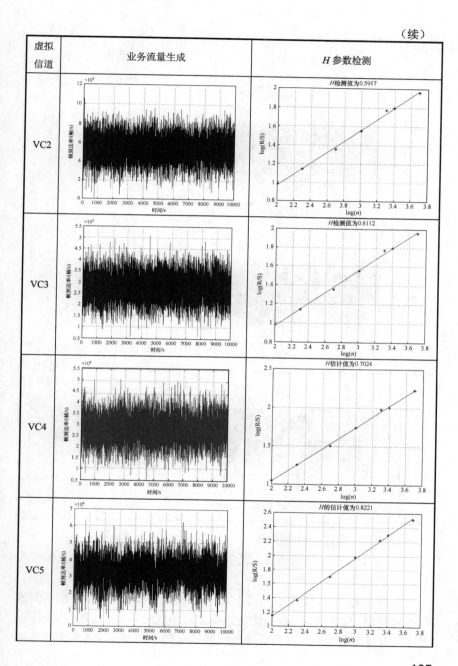

虚拟信道	业务流量生成	H参数检测
VC2		
VC3		
VC4		
VC5		

虚拟信道	业务流量生成	H 参数检测
VC6		
VC7		
VC8		

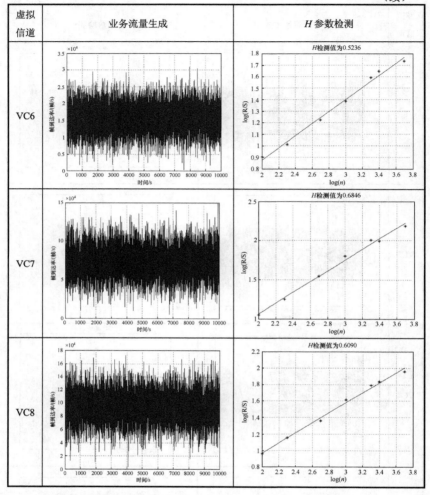

2. AOS 虚拟信道利用率

图 5.13 给出了等时调度、固定阈值调度及延迟累积调度三种调度方法的信道利用率比较。

从图 5.13 中可以看出，对于固定阈值调度算法，其按固定阈值进行调度分配，优先级高、权值大的虚拟信道被优先调度，占用轮询时隙，而在下行速率较低时，很多低优先级的信道得不到调度，从而使其总体的信道利用率在低下行速率情况下较低，随着下行速率的逐渐增大，低优先级、低权值的虚拟信道也被调度轮询，使得信道利用率逐渐增大，而随着下行速率的不断再增大，所有到达的虚拟信道帧都能在调度周期内发送完毕，且出现较多空闲时隙未被分配，而只能填充空数据帧，从而使虚拟信道利用率再次下降；而对于等时调度和延迟累积调度，在信道下行速率较低时，虚拟信道分配时隙都被每个虚拟信道占满，信道利用率达到最大，而随着信道下行速率增大，等时调度的每个时隙由于平均分配，对于较小到达率的虚拟信道会产生空闲，使得信道利用率下降较快；而延迟累积调度按照业务流量到达的排队长度的加权值进行时间片的轮询，较大到达率的虚拟信道被分配较长时隙，较小到达率的虚拟信道被分配较短时隙，因此具有较高的信道利用率。

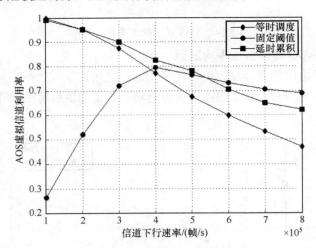

图 5.13　AOS 虚拟信道利用率比较

3. AOS 虚拟信道平均溢出率

仿真定义累积到达的帧数大于信道容量的 1.5 倍为溢出。图 5.14 给出了 AOS 虚拟信道平均溢出率。

由图 5.14 可以看出，随着信道下行速率的增大，三种调度算法的平均溢出率比较接近，并都逐渐减少，在较低信道下行速率情况下，三种调度算法的平均溢出率都较高，延迟累积调度算法略低。

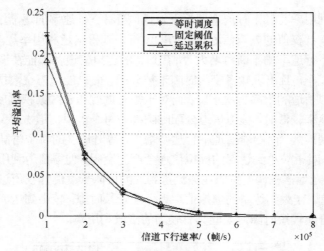

图 5.14 AOS 虚拟信道平均溢出率

4. AOS 虚拟信道平均延迟

由于虚拟信道等时调度算法平均延迟随信道下行速率变化不大，图 5.15 只给出了 AOS 虚拟信道固定阈值和延迟调度算法的平均延迟比较。

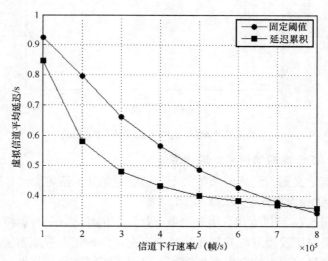

图 5.15 AOS 虚拟信道平均延迟比较

如图 5.15 所示，固定阈值调度和延迟累积调度平均延迟都随着下行速率增大逐渐降低，延迟累积调度的平均延迟性能总体优于固定阈值调度，在较高信道下行速率情况下，二者比较接近，这是由于到达数据帧在较高下行速率下都能较快进行传输，需要的延迟等待时间较小。

5.6 本章小结

本章进行长短相关业务流量下的 AOS 虚拟信道调度优化方法研究。在研究 AOS 虚拟信道调度机理的基础上，分析了流量自相似性对传统的 AOS 业务流量调度性能的影响，针对 AOS 短相关业务流量，提出了跨层优化的加权轮询调度算法，仿真表明跨层优化调度算法在信道利用率和平均延迟性能方面优于现有的等时调度算法；针对 AOS 长相关自相似业务流量，提出了延迟累积自适应轮询调度算法。并采用分级调度策略构建 AOS 虚拟信道调度总体优化控制方案。利用 $FARIMA(p,d,q)$ 过程生成仿真业务流，根据 AOS 业务划分为 8 虚拟信道，将现有的等时、固定阈值调度算法与提出的延迟累积调度算法进行对比，仿真表明延迟累积调度算法在信道利用率、平均溢出率及平均延迟性能上优于前两种调度算法。

参 考 文 献

[1] 田野, 那鑫, 高晓玲, 等. 具有广泛适用性的 AOS 虚拟信道调度算法[J]. 中国空间科学技术, 2011, 2011(6): 50-57.

[2] 别玉霞, 潘成胜, 蔡睿妍. AOS 虚拟信道复用技术研究与仿真[J]. 宇航学报, 2011, 32(1): 193-198.

[3] 曾连连, 闫春香. AOS 虚拟信道链路控制器和 VCDU 合路器的设计实现[J]. 中国空间科学技术, 2007, 2007(2): 17-22.

[4] 凌晓冬，武小悦，刘琦. 多星测控调度问题的禁忌遗传算法研究[J]. 宇航学报. 2009, 30(5): 2133-2139.

[5] 王向晖，王同桓，李宁宁，等. 一种 AOS 遥测源包多路调度算法[J]. 航天器工程. 2011, 20(5): 83-87.

[6] Consultative Committee for Space Data System. Space Link Identifiers. Recommendation for Space Data System Standards [R]. Washington D. C: CCSDS, 2005.

[7] 赵运弢. 基于流量相关性的 CCSDS 空间数据系统复用及优化关键技术研究 [D]. 南京：南京理工大学，2013.

[8] Consultative Committee for Space Data System. IP over CCSDS Space Links. Draft Recommendation for Space Data System Practices [R]. Washington D. C: CCSDS, 2007.

[9] 赵运弢，毕明雪，潘成胜. 高级在轨系统吞吐量跨层优化虚拟信道调度模型[J]. 火力与指挥控制, 2011, 36(4): 8-11.

[10] ZHAO Yuntao, PAN Chengsheng, TIAN Ye. Research on the Self-similarity of Multi-probability Distribution Based on ON-OFF Models in AOS Multiplexing[C]. 2010 Third International Conference on Intelligent Networks and Intelligent Systems. 2010, 11: 426-429.

[11] 赵运弢，刘恒驰，冯永新，等. 基于自相似业务流的 AOS 延时累积调度算法[J]. 系统工程与电子技术. 2015, 37（2）：417-422.

第 6 章　基于 HLA–RTI 的 AOS 多信源仿真系统设计

6.1　引　言

本章基于 HLA-RTI 仿真技术，根据 5 类信源，包括 8bit 小信源、16bit 小信源、文本信源、图像信源和声音信源，对总控成员模块、多信源封装成员模块、帧同步模块、虚拟信道复用与字节提取模块、最佳同步码型等进行开发环境配置及通信接口设计和 AOS 多信源发送/接收仿真系统的总体设计。

6.2　总体设计

基于 CCSDS 的高级在轨系统协议的思想、概念、标准，利用 MAK-RTI 和 VC6.0 开发平台，建立基于 HLA-RTI 的 AOS 多信源发送/接收仿真系统总体框图，如图 6.1 和图 6.2 所示。

在图 6.1 的总体设计中，本书选用了 5 种不同类型的信源，分别为 25 个 8bit 小信源、25 个 16bit 小信源、TXT 文本、JPG 图像和 MP3 音频。并且，根据各类信源的不同特点，选用了不同的业务。其中，25 个 8bit 小信源、25 个 16bit 小信源和 TXT 文本选用了包装业务，进行的是包封装；JPG 图像和 MP3 音频选用了位流业务，进行的是 BPDU 封装。之后，两种业务生成的相应的数据单元被送入虚拟信道，生成虚拟信道传输帧，再加入 ASM，最后被送入信道中进行传输。

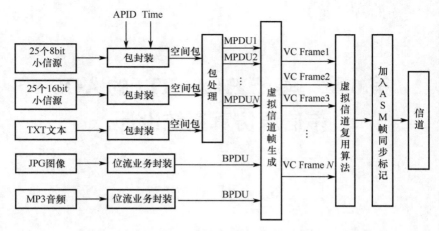

图 6.1 AOS 多信源仿真系统发送端框架设计

图 6.2 为 AOS 多信源仿真系统接收端框架设计。接收端通过帧同步技术、虚拟信道分用技术和包提取、字节提取技术可以获得五种不同类型的数据，包括 25 组 8bit 随机数信源、25 组 16bit 随机数信源、TXT 文本信源、JPG 图像信源和 MP3 音频信源，这 5 种数据在空间通信中具有较强的代表性。其中，8bit 随机数信源、16bit 随机数信源和 TXT 文本选用了包装业务，而 JPG 图像和 MP3 音频选用了位流业务。

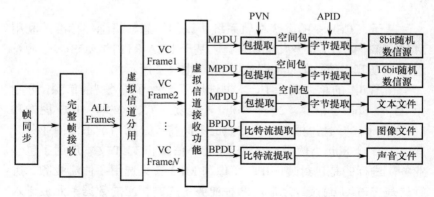

图 6.2 AOS 多信源仿真系统接收端框架设计

帧同步技术是针对 AOS 系统发送端添加 ASM 之后的数据进行处

理，以发送端的 ASM 为依据，设置接收端的 ASM 格式，进而搜索每个封帧队列的队头标识。搜索和处理 ASM，将剩余的数据封装到另一个队列中以备后续处理。

虚拟信道分用技术是针对通过帧同步技术处理后的数据按照其 VCID 的不同分配到不同的虚拟信道作进一步处理。系统中设置 8bit 随机数信源的 VCID 为 0,16bit 随机数信源的 VCID 为 1，TXT 文本信源的 VCID 为 2，JPG 图像信源的 VCID 为 3，MP3 音频信源的 VCID 为 4。

包提取、字节提取技术是针对通过虚拟信道分用技术处理后的数据按照其不同业务类型作进一步处理。通过虚拟信道分用处理后生成两种业务类型的数据单元，分别是空间包业务类型的 MPDU 和位流业务类型的 BPDU。空间包业务接下来从 MPDU 中有序地提取出空间包数据单元，然后提取出字节流数据，最后恢复信宿数据传输给相应的用户；位流业务接下来从 BPDU 中有序地提取出字节流数据，然后恢复信宿数据传输给相应的用户。

6.3 系统硬件环境配置

AOS 多信源链路层发送仿真系统包括 4 个联邦成员，分别为总控成员（在联邦中的代号为 FedMember 1）、多信源封装成员（在联邦中的代号为 SignalMember 2）、虚拟信道调度成员（在联邦中的代号为 SignalMember 3）、附加帧同步标记（Attached Synchronization Marker, ASM）和添加成员（在联邦中的代号为 SignalMember 4）。其中，总控成员（FedMember 1）控制仿真系统的开始，多信源封装成员（SignalMember 2）中包括包信道复用模块和 BPDU 封装模块，用来实现对各类信源的包封装和包处理功能，虚拟信道调度成员（SignalMember 3）完成虚拟信道调度的过程，ASM 添加成员（SignalMember 4）实现添加 ASM 帧同步标记的功能。AOS 多信源链路层发送仿真系统四成员如图 6.3 所示。

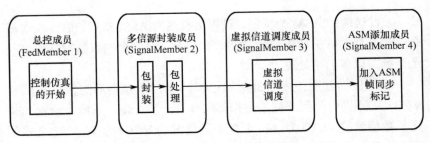

图 6.3　AOS 多信源链路层发送仿真系统四成员

搭建该仿真系统发送端采用双主机结构，编号分别为主机 A 和主机 B。主机 A 包括两个联邦成员，分别为总控成员（FedMember 1）和多信源封装成员（SignalMember 2）。其中，总控成员是整个发送仿真系统的控制端，用来检查各联邦成员是否加入并控制、启动整个仿真系统。多信源封装成员是发送端的第一部分，实现对各信源的包封装处理和 BPDU 封装处理的功能。

AOS 多信源接收仿真系统包括 3 个联邦成员，分别为总控成员（在联邦中的代号为 FedMember 1）、帧同步成员（在联邦中的代号为 SignalMember 2）和虚拟信道分用及包提取、字节提取成员（在联邦中的代号为 SignalMember 3）。总控成员（FedMember 1）控制仿真系统的开始。帧同步成员（SignalMember 2）主要搜索一帧的开始，并提取出 ASM；虚拟信道分用及包提取、字节提取成员（SignalMember 3）完成虚拟信道调度和用户数据流的提取过程。AOS 多信源链路层接收仿真系统三个功能成员如图 6.4 所示。

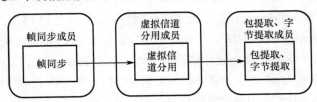

图 6.4　AOS 多信源链路层接收仿真系统三个功能成员

接收端仿真系统主机编号分别为主机 A 和主机 B。主机 A 包括两个联邦成员，为总控成员（FedMember 1）和帧同步成员（SignalMember 2）。总控成员是整个接收仿真系统的控制端，用来检查各联邦成员的状态，控制整个仿真系统。帧同步成员接收到由发送端传过来的添加 ASM 的数据后，会逐位的去搜索数据帧。

6.4 系统软件环境配置

6.4.1 运行支撑环境（RTI）

RTI 支持多种通信方式和传输协议，它能够满足包括指令类消息和安全类消息在内的各种消息的传输。RTI 采用点到点或者组播的通信方式，使数据订购者可从数据的发送者直接接收消息，进而提高了系统的运行效率。RTI 的主要作用有 3 个。首先，RTI 实现了 HLA（高层体系结构）接口规范；其次，RTI 还具备仿真运行管理功能，譬如仿真过程的开始、暂停、恢复、时间同步、仿真时钟推进等，利用这些功能，人们不需再考虑仿真的运行管理就可以直接实现详细的仿真功能；最后，RTI 可以提供底层通信传输服务的功能，使开发人员能够很方便地完成数据发送与接收，这使得网络通信程序透明化，可以大大降低分布式交互仿真程序设计的复杂度，而且由于这种传输方法可以让各个联邦成员依照自己的实际需要进行不同等级的数据过滤，所以可以削减网络数据流量，进而提升了仿真系统的运转执行速度。

此外，运行支撑环境 RTI 中含有 HLA 接口所需的所有标准，可为各仿真系统提供同类型的联邦服务函数与联邦成员回调函数的接口，进而实现 HLA 分布式联合仿真的联邦成员分块处理、系统可重用性和仿真应用之间的互操作，即 HLA 仿真系统中 RTI 的各接口连接着可以实现不同功能的仿真成员，因此可以称 RTI 的接口是一根"软总线"。

HLA/RTI 的实现架构如图 6.5 所示。

在图 6.5 中可以看出，RTI 分离了底层通信传输、仿真运行管理与仿真功能，通过这种方式，可以把各个仿真程序或者仿真软件当成联邦成员，RTI 则通过它所拥有的公共接口连接不同的联邦成员从而实现各个仿真成员的"即插即用"，这种情况下，程序开发团队可以分开研究和开发各个仿真模块的功能，每个程序员可独立的完成自己的任务，使程序开发更加高效。

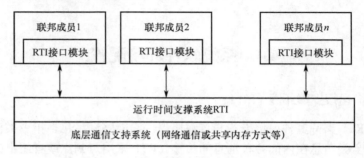

图 6.5　HLA/RTI 实现架构

6.4.2　高层体系结构（HLA）

HLA 按照面向对象的分析和设计的原则规定仿真成员，即它通过面向对象的思想和方法来组建仿真系统，并在此基础上实现联邦仿真技术。基于 HLA 仿真系统的层次结构如图 6.6 所示。

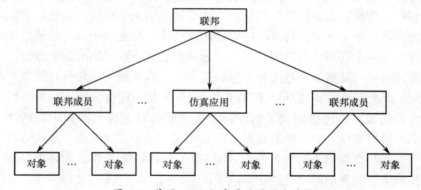

图 6.6　基于 HLA 仿真系统的层次结构

联邦是指用来达到某种要求的仿真目的的分布仿真系统，由互相作用的联邦成员组成。联邦的概念也可以很宽泛，例如，有时候会出现一个更大的联邦，此时根据需要，原来的联邦就可以被当作联邦成员加入其中。完整的系统仿真过程称为联邦执行（Federation Execution）；联邦成员是指全部参与联邦执行的仿真应用，也可以简称为成员。联邦成员有多种类型，包含联邦管理成员、实物仿真代理成员、数据记录器的成员等。在众多联邦成员中，最具代表性的就是仿真应用（Simulation）。通过 HLA，联邦成员不但可以获得彼此之间互操作的体系结构和机制，而且还能获得比较灵活的仿真框架；仿真应用是使用实体的相应模型来产生联邦中某种实体的动态行为；对象则是联邦的基本元素。

6.4.3 联邦功能设计

本仿真系统是在 Windows 操作系统环境下，实现 AOS 多信源链路层接收仿真系统的仿真互联。在整个仿真系统中，为满足各自的仿真需求，联邦成员采用线程通信的方式。线程通信包括两种通信方式，一种是线程负责管理窗口界面，实现用户与窗口之间的交互；另一种是线程管理其他线程，主要实现仿真应用的执行和联邦的交互。仿真系统中一个联邦成员执行的典型过程如图 6.7 所示。

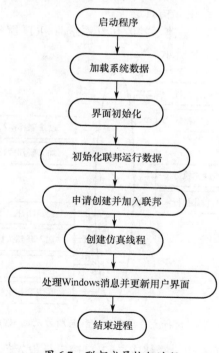

图 6.7　联邦成员执行过程

联邦成员执行过程大体分为 4 个步骤：联邦创建、加入联邦，线程仿真和结束进程。其中联邦创建包括启动程序、加载系统数据、界面初始化、初始化联邦运行数据、申请创建 5 个步骤，主要操作过程是在总控制端 RTI 安装完成之后，开始运行 MAK2.2 中的联邦启动程序，然后需要每个联邦成员自身进行初始化加载（包括环境变量的设置，IP 和端口设置等），其次根据每个联邦成员执行的功能不同进行用户界面设计，完成用户界面的初始化，同时对联邦成员间交互运行的数据进行初始化（包括 IP 设置，数据名称设置，线程管理设置等），最后申请创建联邦。加入联邦是将与处理事件相关的联邦成员按照执行顺序的先后，添加到总控制端的界面中。线程仿真包括创建仿真线程和处理 Windows 消息并更新用户界面两个操作，在此过程中主要利用 AfxBeginThread( )函数创建仿真线程，指定线程入口函数地址为 simulation( )函数的地址，处理 Windows 消息响应。直到联邦成员全部仿真功能完成后，结束此仿真进程。

实现 AOS 多信源链路层接收仿真系统时，RTI 服务与联邦执行生存周期的过程如图 6.8 所示。

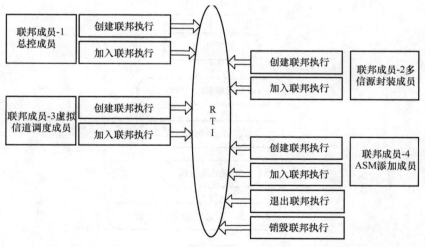

图 6.8 联邦执行生存周期的过程与所涉及的 RTI 服务

从图 6.8 中可看出，联邦成员-1 总控成员最先创建联邦执行然后加入联邦执行，其功能是控制机整个仿真系统的开始。其次，联邦成员-2 多信源封装成员创建联邦执行然后加入联邦执行，其功能是用来实现对各类信源的包封装和包处理功能。再次，联邦成员-3 虚拟信道调度成员创建联邦执行然后加入联邦执行，其功能是完成虚拟信道调度的过程。最后是联邦成员-4ASM 添加成员创建联邦执行然后加入联邦执行，其功能是实现添加 ASM 帧同步标记的功能。可见联邦内的所有成员都是按照规定的顺序来调用"加入联邦执行"服务来加入联邦执行。此时，所有联邦成员就可以通过 RTI 运行支撑环境进行信息交互了。当系统创建的联邦成员完成所有交互任务以后，需退出联邦执行，退出的先后顺序不受限制，但是哪个联邦成员最后退出联邦就由哪个联邦成员负责销毁联邦执行。

6.5　本章小结

本章主要介绍了 AOS 多信源仿真系统的总体设计方案和功能实现。首先，给出了 AOS 发送/接收系统的原理框图；其次，给出系统总体设计，介绍了联邦成员对应实现的功能和各联邦成员加入联邦的过程以及仿真系统的互联过程；再次，给出了系统开发软件 RTI 的安装方案以及在 VC6.0 中对 RTI 的库文件、头文件、动态链接库的配置。最后，分析了联邦成员的程序流程框架和与联邦执行生存周期相关的 RTI 服务。

参 考 文 献

[1] Consultative Committee for Space Data System. CCSDS End-to-End Data System [R]. Washington D.C: CCSDS, 2002.
[2] 徐小东. 基于 Socket 技术的数据交换平台的设计与实现[D]. 上海: 上海交通大学, 2006.

[3] 张勇. 空间站 AOS 方案的研究[D]. 西安: 西北工业大学, 2004.

[4] 李弘毅. HLA 技术在分布交互仿真系统中的应用研究[D]. 南京: 东南大学, 2006.

[5] 林昊森. 基于 HLA/RTI 与 Socket 的分布式仿真系统互联的实现[D]. 长春: 吉林大学, 2010.

[6] United States Department of Defense.High-Level Architecture Object Model Template Specification Version 1.3 [R]. Virginia：DoD, 1998.

[7] United States Department of Defense. Defense Modeling and Simulation Office, High Level Architecture Interface Specification [R]. Virginia：DoD, 1998.

[8] 陈晓敏, 孙辉先. 有效载荷数据管理系统新技术的研究[J]. 中国空间科学技术, 2002, 2002(2): 56-62.

[9] 白云飞, 陈晓敏, 安军社, 等. CCSDS 高级在轨系统协议及其应用介绍[J]. 飞行器测控学报, 2011, 30（增）:16-21.

[10] 丁海燕, 陈建华, 宋剑. 基于 HLA 的航空导弹反导仿真系统的设计与实现[J]. 系统仿真学报, 2009, 21(18): 5765-5769.

[11] 张耀寰. 基于 HLA-RTI 的 AOS 多信源链路层接收仿真系统研究[D]. 沈阳: 沈阳理工大学, 2015.

[12] Consultative Committee for Space Data System.Advanced Orbiting Systems Networks and Data Links: Architectural Specification.Recommendation for Space Data Systems Standard [R].Washington D.C: CCSDS, 2001.

[13] 高鹏. 基于 HLA 的仿真框架的设计实现与应用[D]. 北京：中国科学院, 2008.

[14] 周雅芳. 基于 HLA-RTI 的 AOS 多信源链路层发送仿真系统研究[D]. 沈阳：沈阳理工大学, 2015.

[15] 史磊. 使用 QualNet 实现联合仿真[J]. 计算机仿真, 2007, 2007(2):35-37.

[16] 王建国, 陈惠明. C 语言程序设计[M]. 北京: 中国铁道出版社, 2011.

第 7 章　基于 HLA–RTI 的 AOS 多信源仿真系统实现

7.1　引　　言

本章重点设计和实现基于 HLA-RTI 的 AOS 多信源仿真系统的核心模块，包括发送端的多信源封装模块、虚拟信道调度模块、附加帧同步标记添加模块以及接收端的帧同步模块、虚拟信道分用和解析模块。

7.2　多信源封装模块实现

7.2.1　包信道复用子模块

7.2.1.1　包信道复用原理

在 AOS 建议中，包信道复用过程就是把这些来自多个用户的具有相同或者相似服务质量要求的空间包合成在一个公共的数据结构内，形成一个 MPDU，再分别加入帧头、帧尾，从而生成一帧，把几个不同的包信道级连在一个虚拟信道上，实现在一个虚拟信道上多路传输用户间的各自通信。同时，为了使非 CCSDS 结构的数据单元同样能复用在虚拟信道内，包装业务可以把非 CCSDS 格式的包转化为空间包格式。在特定的任务中，MPDU 的长度固定，并且可以装入与其具有相等长度的虚拟信道数据单元（VCDU）数据域内。

总的来说，包信道复用是指为高层协议产生的各种类型的数据包提供一种共享虚拟信道（帧）的机制。这样处理之后的优势是，进行合并、整合后的低速率的业务数据以中高速率进入信道存储时隙时，可以在一定程度上提高虚拟信道的调度效率。

在包信道复用（帧生成）过程中，帧生成的方法包括等时帧生成算法、高效率帧生成算法和自适应帧生成算法等多种方法。等时帧生成算法是指每间隔一个固定的时间之后，将上一层到达的包封装为一帧并且发送，该算法生成的帧中可能会存在填充包，因此其 MPDU 复用效率的平均值小于 1（MPDU 复用效率是指一个 MPDU 中的 CCSDS 包的总长度与 MPDU 包区的长度之比）；高效率帧生成算法是指当到达的数据包的总长度可将 MPDU 的包区填满的时候才发送出一帧，在该算法中，MPDU 的复用效率为 1；自适应帧生成算法则首先为帧生成时间设定门限值，当未达到该门限值之前且到达的数据包可以填满一帧时立即生成一帧，当超出该门限值时数据包仍不足以填满一帧时则不再等待，而是用空闲数据包填充不足的部分后将该数据帧发送出去。

下面给出高效率帧生成算法下的帧生成时间均值。

当包到达过程服从参数为 λ 的泊松无记忆过程时，在时间 S_w 内到达 n 个包的概率为

$$P(k=n) = \frac{(\lambda S_w)^n e^{-\lambda S_w}}{n!} \tag{7-1}$$

此时，包与包之间到达的时间间隔服从参数为 $1/\lambda$ 的指数分布，其概率密度函数为

$$f(t) = 1/\lambda \cdot e^{-t/\lambda} \tag{7-2}$$

而包到达时间服从参数为 (n,λ) 的 Gamma 分布，即第 n 个包到达时间的概率密度函数为

$$f_n(t) = \lambda e^{-\lambda t} \frac{(\lambda t)^{n-1}}{(n-1)!}, \quad n = 0,1,2,\cdots \tag{7-3}$$

在高效率帧生成算法中，当 MPDU 的包区被填满后才能生成一帧，因此，帧生成的时间 S_w 即为第 N 个包到达时间，即 S_w 的概率密度函数为第 N 个包到达时间的概率密度函数，即为

$$f_{S_w}(t) = f_N(t) = \lambda e^{-\lambda t} \frac{(\lambda t)^{N-1}}{(N-1)!} \tag{7-4}$$

144

则高效率帧生成算法的帧生成时间均值为

$$E[S_w] = \int_0^{+\infty} t f_{S_w}(t)\mathrm{d}t = \int_0^{+\infty} t\lambda \mathrm{e}^{-\lambda t}\frac{(\lambda t)^{N-1}}{(N-1)!}\mathrm{d}t \qquad (7\text{-}5)$$

虽然在高效率帧生成算法中，有些时候可能会出现在较长一段时间内不能到达足够的空间包的情况，使得帧生成时间过长，从而可能会导致帧生成过程会产生较大时延。但是在本书的仿真研究中，选取数据包的数量比较少，因此，可以不用考虑采用高效率帧生成算法造成较大时延的情况，在包复用的过程中采用了高效率的帧生成算法。

7.2.1.2　包信道复用模块的设计实现

在本 Visual C++ 的仿真中，采用的数据关系是："numCharPerCPPDU"个字节大小的数据信息被封装成 1 个空间包，"numCPPDUPerMPDU"个空间包被封装成 1 个 MPDU，"numMPDUPerVCDU"个 MPDU 被封装成 1 个 VCDU。借助双向队列容器，根据包信道复用原理，对包信道复用模块功能的实现分为三个主要部分。

（1）从 FileDlg.GetPathname( ) 函数中获得上个模块发送过来的文件赋给容器一，此模块的容器一名为 SOURCE，定义为 "deque<int> SOURCE"，然后进入第二部分的操作。

（2）对信源进行相应的数据处理操作，主要用到 4 个容器，分别定义为 "map<unsigned long,deque<int>>CPPDU_POOL"、"map<unsigned long,deque<int>>MPDU_POOL"、"map<unsigned long,deque< int >> VCDU_POOL"、"map<unsigned long int,deque< int>> DISPATCH_POOL"，实现过程如图 7.1 所示。

数据处理的基本过程介绍如下。

① 当 SOURCE 中的数据达到 "numCharPerCPPDU" 个字节时，数据被封装为一个空间包，如此循环，然后把封好的空间包都放到 CPPDU_POOL 中。

② 当 CPPDU_POOL 中的数据达到 "numCPPDUPerMPDU" 个空间包时，空间包被封装为一个 MPDU，如此循环，然后把封好的 MPDU 都放到 MPDU_POOL 中。

③ 当 MPDU_POOL 中的数据达到 "numMPDUPerVCDU" 个 MPDU 时，MPDU 被封装为 1 个 VCDU，如此循环，然后把封好的 VCDU 放在 VCDU_POOL 中。

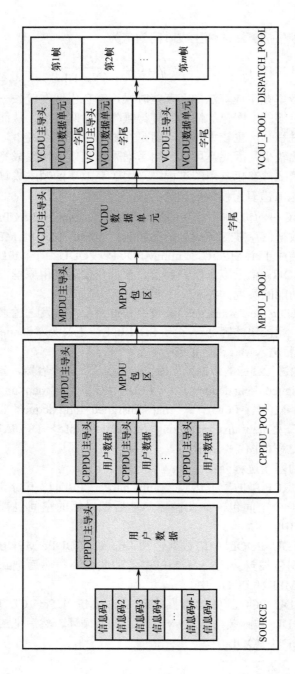

图 7.1 包信道复用模块的内部实现过程框图

④ 最后把 VCDU_POOL 中 VCDU 都放到 DISPATCH_POOL 中，再把 CPPDU_POOL、MPDU_POOL 和 VCDU_POOL 中的内容都擦除，准备下一次的封包。

（3）把上述操作得到的最后封包结果的内容保存到新文件中，并发送给下一个模块。

通过上述的设计实现，包信道复用模块的设计如图 7.2 所示。

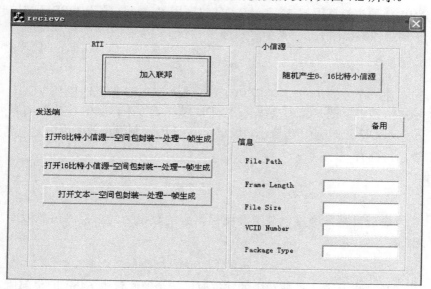

图 7.2　包信道复用模块的界面设计图

在图 7.2 中，首先需要点击"随机产生 8bit、16bit 小信源"的按钮，则在桌面上随机产生两个文件，分别为"8bit 小信源.txt"和"16bit 小信源.txt"，再加上一个文本信源则构成了包信道复用模块中的 3 类信源。

7.2.1.3　包信道复用模块的仿真

本仿真系统选用的 5 类信源中，8bit 小信源、16bit 小信源和文本这 3 类信源选择了包装业务，这 3 类信源在包信道复用模块中，两个字节大小的数据信息被封成 1 个 CPPDU，5 个 CPPDU 被封成 1 个 MPDU，1 个 MPDU 被封成 1 个 VCDU。

在一个空间包中，包括空间包导头和用户数据，其中，设置空间包导头信息用 α_1 表示，用户数据用 β_1 表示，空间包的导头信息效率比用 $\gamma_{空间包}$ 表示，则有

$$\gamma_{空间包} = \frac{\alpha_1}{\alpha_1 + \beta_1} \tag{7-6}$$

在一个 MPDU 中，包括 MPDU 导头和 MPDU 包区，其中，设置 MPDU 导头信息用 α_2 表示，MPDU 包区用 β_2 表示，假设 MPDU 的导头信息效率比用 γ_{MPDU} 表示，则有

$$\gamma_{MPDU} = \frac{\alpha_2}{\alpha_2 + \beta_2} \tag{7-7}$$

在一个 VCDU 中，包括 VCDU 导头、VCDU 数据区以及 VCDU 帧尾，其中，把 VCDU 导头和 VCDU 帧尾统称为控制信息，用 α_3 表示，VCDU 数据区用 β_3 表示，假设 VCDU 的控制信息效率比用 γ_{VCDU} 表示，则有

$$\gamma_{VCDU} = \frac{\alpha_3}{\alpha_3 + \beta_3} \tag{7-8}$$

最后可得，经过包信道复用后得到的数据帧的总控制信息效率比为

$$\gamma_{总1} = \gamma_{空间包} \times \gamma_{MPDU} \times \gamma_{VCDU} \tag{7-9}$$

在封装上述 3 类信源中的数据时，一个空间包由 64bit 的头部信息和 16bit 的用户数据组成，共 80bit。一个 MPDU 由 16bit 的头部信息和 5 个 80bit 的空间包组成，共 416bit。一个 VCDU 由 88bit 的头部信息、一个 416bit 的 MPDU 以及 72bit 的尾部信息组成，共 576bit。

由公式（7-6）可知，空间包中的导头信息效率比为

$$\gamma_{空间包} = \frac{\alpha_1}{\alpha_1 + \beta_1} = \frac{64}{64 + 16} \times 100\% = 80\% \tag{7-10}$$

由公式（7-7）可知，MPDU 中的导头信息效率比为

$$\gamma_{MPDU} = \frac{\alpha_2}{\alpha_2 + \beta_2} = \frac{16}{16 + 5 \times 80} \times 100\% = 3.85\% \tag{7-11}$$

由公式（7-8）可知，VCDU 中的控制信息效率比为

$$\gamma_{\text{VCDU}} = \frac{\alpha_3}{\alpha_3 + \beta_3} = \frac{88+72}{88+72+416} \times 100\% = 27.78\% \qquad (7\text{-}12)$$

最后，由公式（7-9）可知，经过包信道复用之后得到的数据帧的总控制信息效率比为

$$\gamma_{\text{总1}} = \gamma_{\text{空间包}} \times \gamma_{\text{MPDU}} \times \gamma_{\text{VCDU}} = 80\% \times 3.85\% \times 27.78\% = 0.86\% \quad (7\text{-}13)$$

7.2.2 BPDU 封装子模块

7.2.2.1 BPDU 封装模块的设计实现

在 BPDU 封装模块中，是位流业务的包封装过程，我们采用的数据关系是："numCharPerBPDU"个字节大小的数据信息被封装成 1 个 BPDU，"numBPDUPerVCDU"个 BPDU 被封装成 1 个 VCDU。在本 Visual C++的 BPDU 封装模块中，与包信道复用模块类似，对 BPDU 封装模块功能的实现分为 3 个主要部分。

（1）从 FileDlg.GetPathname( )函数中获得上个模块发送过来的文件赋给容器一，此模块的容器一名为 SOURCE，定义为 "deque <char>SOURCE"，然后进入第二部分的操作。

（2）对信源进行相应的数据处理操作，主要用到三个容器，分别定义为"map<unsigned long,deque<int>>BPDU_POOL"、"map<unsigned long,deque<int>>VCDU_POOL"、"map<unsigned long int, deque<int>> DISPATCH_POOL"，实现过程如图 7.3 所示，数据处理的基本过程介绍如下。

① 当 SOURCE 中达到 "numCharPerBPDU" 个字节时，数据被封装为一个 BPDU，如此循环，然后把封好的 BPDU 都放到 BPDU_POOL 中。

② 当 BPDU_POOL 中达到 "numBPDUPerVCDU" 个 BPDU，BPDU 被封装为 1 个 VCDU，如此循环，然后把封好的 VCDU 放在 VCDU_POOL 中。

③ 最后把 VCDU_POOL 中的都放到 DISPATCH_POOL 中，再把 BPDU_POOL 和 VCDU_POOL 中的内容都擦除，准备下一次的封包。

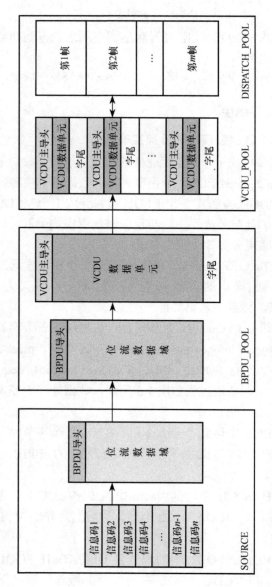

图 7.3 BPDU 封装模块的内部实现过程图

（3）把上述操作得到的最后封包结果的内容保存到文件中，并发送给下一个模块。

通过上述的设计实现，BPDU 封装模块的设计如图 7.4 所示。

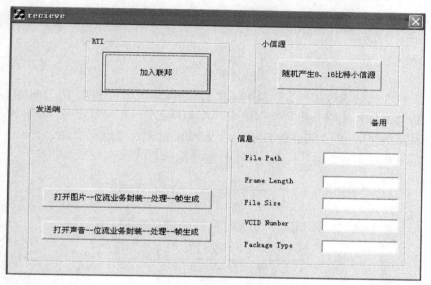

图 7.4　BPDU 封装模块的界面设计图

7.2.2.2　BPDU 封装模块的仿真

本仿真系统的五类信源中，图像和声音这两类信源选择了位流业务，两类信源在 BPDU 封装模块中，50 个字节大小的数据信息被封成 1 个 BPDU，1 个 BPDU 被封成 1 个 VCDU。

在一个 BPDU 中，包括 BPDU 导头和 BPDU 包区，其中，设置 BPDU 导头信息用 α_4 表示，BPDU 包区用 β_4 表示，假设 BPDU 的导头信息效率比用 γ_{BPDU} 表示，则有

$$\gamma_{\text{BPDU}} = \frac{\alpha_4}{\alpha_4 + \beta_4} \qquad (7\text{-}14)$$

由上节公式（7-8）可知，在一个 VCDU 中，包括 VCDU 导头、VCDU 数据区以及 VCDU 帧尾，其中，把 VCDU 导头和 VCDU 帧尾统称为控制信息，用 α_3 表示，VCDU 数据区用 β_3 表示，假设 VCDU

的控制信息效率比用 γ_{VCDU} 表示，则有

$$\gamma_{\mathrm{VCDU}} = \frac{\alpha_3}{\alpha_3 + \beta_3} \qquad (7\text{-}15)$$

最后可得，经过 BPDU 封装模块后得到的数据帧的总控制信息效率比 $\gamma_{\text{总}2}$ 为

$$\gamma_{\text{总}2} = \gamma_{\mathrm{BPDU}} \times \gamma_{\mathrm{VCDU}} \qquad (7\text{-}16)$$

在封装图像和声音两类信源中的数据时，一个 BPDU 由 16bit 的头部信息和 400bit 用户数据组成，共 416bit。一个 VCDU 由 88bit 的头部信息、一个 416bit 的 BPDU 以及 72bit 的尾部信息组成，共 576bit。

由公式（7-14）可知，BPDU 的导头信息效率比为

$$\gamma_{\mathrm{BPDU}} = \frac{\alpha_4}{\alpha_4 + \beta_4} = \frac{16}{16+400} \times 100\% = 80\% \qquad (7\text{-}17)$$

由公式（7-8）可知，VCDU 的控制信息效率比为

$$\gamma_{\mathrm{VCDU}} = \frac{\alpha_3}{\alpha_3 + \beta_3} = \frac{88+72}{88+72+416} \times 100\% = 27.78\% \qquad (7\text{-}18)$$

最后，由公式（7-9）可知，可得经过 BPDU 封装模块后得到的数据帧的总控制信息效率比为

$$\gamma_{\text{总}2} = \gamma_{\mathrm{BPDU}} \times \gamma_{\mathrm{VCDU}} = 80\% \times 27.78\% = 22.22\% \qquad (7\text{-}19)$$

7.3 虚拟信道调度模块

7.3.1 虚拟信道调度模块设计

在本仿真系统的发送端，虚拟信道模型采用 5 条虚拟信道 VC0、VC1、VC2、VC3、VC4，其静态优先级分别对应为：0、1、2、3、4（数字越小，优先级越高）。优先级设置好以后，就根据此调度算法实现各信源传输帧的排队顺序，其内部实现示意图如图 7.5 所示。

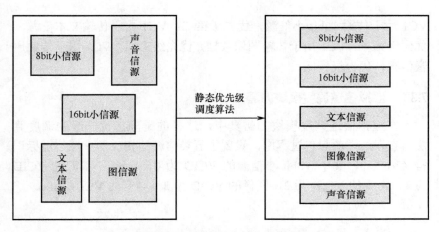

图 7.5　虚拟信道调度模块的内部实现示意图

通过上述的设计实现，虚拟信道调度模块的界面设计如图 7.6 所示。

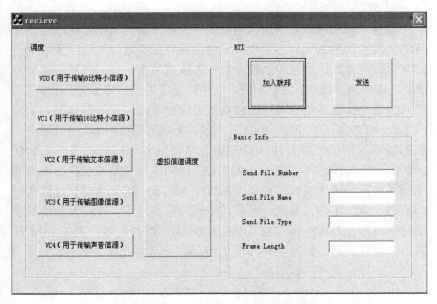

图 7.6　虚拟信道调度模块的界面设计图

由图 7.6 中可以看出，VC0 用于传输 8bit 小信源，优先级最高；

VC1 用于传输 16bit 小信源，优先级第二；VC1 用于传输文本信源，优先级第三；VC2 用于传输图像数据，优先级第四；VC4 用于传输声音信源，优先级最低。

7.3.2　虚拟信道调度模块仿真

在虚拟信道调度模块的仿真中，选择的是静态优先级的调度算法。在发送端的封包过程中，设置了五类信源的相应的虚拟信道标识符（VCID），其中，8bit 小信源的 VCID 为 0，16bit 小信源的 VCID 为 1，文本的 VCID 为 2，图像的 VCID 为 3，声音的 VCID 为 4。

7.4　附加帧同步标记（ASM）添加模块

7.4.1　附加帧同步标记选取

同步系统已成为数字通信系统中一类很重要的问题，是进行信息传输的前提条件之一。为了使数据信息能够可靠地传输，同步系统需要有更高的可靠性。同步系统主要分为载波同步、位同步和帧同步 3 类。在本仿真系统中，主要研究、应用的是 3 类同步中的帧同步问题。帧同步则是指能够明确识别出接收数字流中一帧的开始与结束。

在 AOS 标准的层次模型中，低层协议要为高层协议提供服务，数据链路子层中的帧同步系统就要完成确定每一帧开始与结束的任务，使通信码流更具有意义。AOS 中的帧同步系统是通过在数据序列中插入特殊的附加帧同步标记（ASM）来实现同步，ASM 也称为帧同步码，帧同步的实质就是对帧同步码的检测问题。在接收到的数字码流中，就含有事先插入的 ASM，以确定一帧的起始位置，ASM 的前后的位置处都是数据流，如图 7.7 所示。

…	ASM	数据流	ASM	数据流	ASM	…

图 7.7　ASM 在码流中的位置

154

经典 ASM 码型包括 Reed-Mailer 码型、Pseudo-random 码型、Barker 码型、Legender 码型和最佳的同步码型。CCSDS 建议 AOS 标准中，采用了最佳帧同步码型作为 ASM，本书中的仿真系统中将全部采用最佳帧同步码型，最佳帧同步码型如表 7.1 所示。

表 7.1　最佳帧同步码型表

位数/bit	码型（H）
8	B8
16	EB90
32	1ACFFC1D
64	FFF2D58B65466000

值得注意的是，帧数据在空间信道传输的过程当中，有时候可能会发生漏检和虚警现象。漏检现象是指因为受到信道噪声与衰落现象的影响可能使 ASM 中的数据信息发生一定的错误，从而会导致 AOS 中的帧同步系统漏检有误的 ASM。虚警现象是指在数据流传输的过程中，由于传输和信道的干扰，可能对数据流造成随机性的影响，导致在非帧同步开始处出现 ASM 码型，使得数据的接收方误把该非帧同步开始的位置当作一帧的起始位置。

为了在检测帧同步码的时候尽量弥补上述两类问题，引进了帧同步校核与失步校核。在 AOS 帧同步过程中，包括搜索态、同步态、同步校核态以及失步校核态四种状态。各状态的转换过程如图 7.8 所示。

在图 7.8 中，当开始接收数据信息的起始时刻或者在帧失步的时候，帧同步进入到搜索态，在这种状态下，系统在数据信息中逐位检测 ASM，当检测到一个 ASM 后，系统进入同步校核态；在同步校核态中，连续经过 $a-1$（a 帧时成为后方保护时间）帧均检测到的 ASM，则系统立即进入到同步态，否则将返回到搜索态；系统进入同步态后，仍然需要逐帧确认 ASM，为了避免漏检正确的 ASM 情况的发生，系统首先进入到失步校核态；在失步校核态中，当连续 $b-1$（b 帧时被称为前方保护时间）帧都没有检测到 ASM 时，系统重新进入搜索态，否则回到同步态。

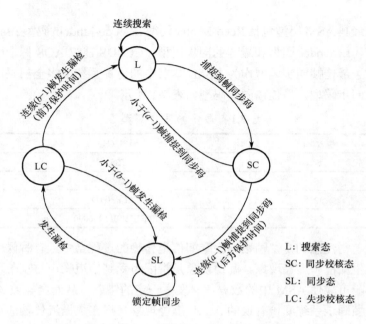

图 7.8　帧同步过程状态转换图

7.4.2　ASM 添加模块设计

在 ASM 添加模块的设计中，内部实现过程如下。

（1）从 FileDlg.GetPathname( )函数中获得上个模块发送过来的文件，并把文件内容赋给容器一，此模块的容器一名为 SOURCE，定义为"deque<int>SOURCE"。等到容器一中的内容长度大于等于一帧的时候开始执行下一步在容器二中加 ASM 的操作。

（2）此模块的容器二名为 ASM_POOL，定义为"deque<int>ASM_POOL"中，对数据内容进行加 ASM 的操作实现示意图如图 7.9 所示。

① 事先定义一个"deque<int>SyncHead"，并在其内写好 ASM，如 EB90、1ACFFC1D 或者 FFF2D58B65466000。

② 在容器二，先插入一个上述已写好的 ASM，再在容器一中提取一帧长度的内容插入到容器二中 ASM 之后，两次插入如此循环，直到每一帧都有同步头为止。

156

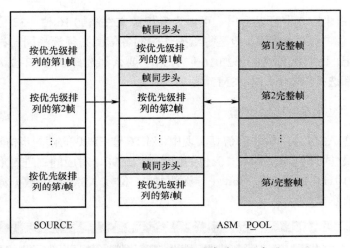

图 7.9　ASM 添加模块的内部实现示意图

（3）上述操作完成以后，把容器二中的内容保存到新文件，并把此次操作过程中容器一和容器二内的内容全部擦除，为下一轮的加 ASM 做好准备。至此，ASM 添加模块的操作结束。

通过上述的设计实现，ASM 添加模块的设计如图 7.10 所示。

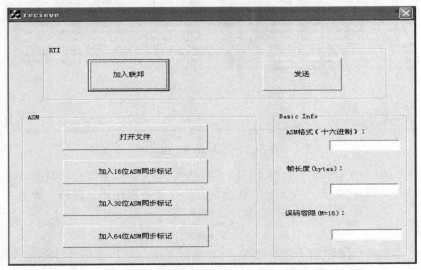

图 7.10　ASM 添加模块的界面设计图

在图 7.10 中可以看出，可以为各信源文件添加 16 位、32 位、或者 64 位的帧同步标记，但是每组操作中的各信源必须选择同一种帧同步标记，即要么都选择添加 16 位 ASM，要么都选择添加 32 位 ASM，或者都选择添加 64 位 ASM。

7.4.3　ASM 添加模块仿真

在 ASM 添加模块的仿真实现中，对 16 位 EB90 的帧同步仿真。在部分最佳帧同步码型中，16 位的码型是 EB90，对应的二进制形式为"1110101110010000"，8bit 小信源添加 16 位帧 ASM 后的数据流如图 7.11 所示。

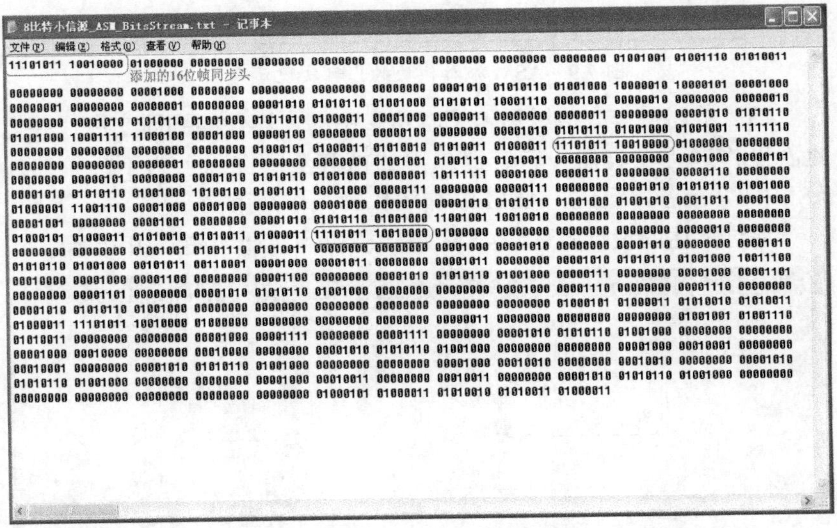

图 7.11　8bit 小信源添加 16 位 ASM 后的数据流

在一个完整的传输帧中，除去帧数据，ASM 称为同步信息。设置帧数据用 κ 表示，同步信息用 λ，同步信息效率比用 η 表示，则有

$$\eta = \frac{\lambda}{\lambda + \kappa} \qquad (7\text{-}20)$$

5 类信源添加 16 位 ASM 后的数据流中，同步信息为 16bit，帧数据为 576bit。由公式（7-20）可知，各信源中的每一个完整帧中的

同步信息效率比为：

$$\eta = \frac{\lambda}{\lambda + \kappa} = \frac{16}{592} \times 100\% = 2.70\%$$ （7-21）

7.5 帧同步模块

7.5.1 帧同步原理及性能分析

在高级在轨系统标准的层次模型中，低层协议需要为高层协议提供服务。数据链路子层中的帧同步系统的作用就是确定每一帧的开始和结束。为了保证信息的可靠传输，要求同步系统有更高的可靠性。对于 AOS 接收仿真系统，帧同步过程是非常重要的。AOS 把数据链路层分为两个部分，分别是数据链路协议子层和帧同步与信道编码子层，如图 7.12 所示。在帧同步与虚拟信道编码子层中，AOS 还规定使用 RS 卷积码级联编码的方式，提高了 AOS 系统中帧同步的性能。

图 7.12　AOS 数据链路层分层结构

帧同步过程主要就是检测 ASMASM 的问题。帧同步过程检测 ASM 时，是将接收端的数字流与本地存储的 ASM 相比较。在 AOS 系统帧同步过程中，由于外界干扰可能会影响数据的可靠性传输，导致两种现象的发生：漏检现象和虚警现象。下面详细分析两种现象。

1. 漏检现象分析

在 AOS 系统帧同步过程中，受信道噪声和衰落现象的影响，ASM 中的比特流信息可能会发生错误，从而导致系统漏掉错误的 ASM 码型，此现象称为漏检现象。

由此漏检的概率为

$$P_L = 1 - \sum_{i=0}^{J} C_M^i (1-P_b)^{M-i} P_b^i \qquad (7\text{-}22)$$

式中　　J——误码容限；

　　　　M——ASM 的长度；

　　　　P_b——信道的误码率；

　　　　i——误码的个数。

2. 虚警现象分析

空间链路所传送的数据比特流具有随机性，这样就可能在不是帧同步开始的地方出现 ASM 码型，使接收端错误地把该位置当作一帧的起始位置，此现象称之为虚警现象。

由此虚警的概率为

$$P_A = \sum_{i=0}^{J} C_M^i P_e^M \qquad (7\text{-}23)$$

式中　　M——ASM 的长度；

　　　　J——误码容限；

　　　　P_e——随机误码率；

　　　　i——误码的个数。

AOS 标准规定发送端数据帧应以固定长度传输，封包之后要在帧前面添加 ASM 帧同步标记，接收端首先查找 ASM 帧同步标记，确认一帧的开始标记，并提取出来。帧同步技术的实质就是如何检测 ASM。为了避免帧同步过程发生漏检现象和虚警现象，因此，需要同步过程和失步过程来进行校验。AOS 系统帧同步过程包括 4 种状态：搜索态 L、同步态 SL、同步校核态 SC 与失步校核态 LC，各状态间的转换过程如图 7.13 所示。

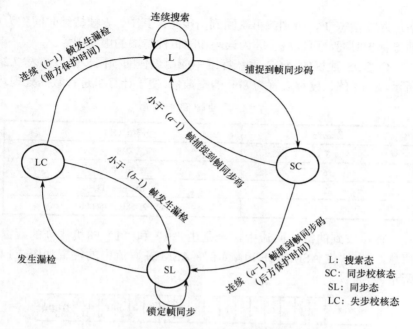

图 7.13 帧同步过程状态转换图

（1）搜索态：在接收数据开始或者是在帧失步时刻，帧同步进入搜索态 L，开始搜索 ASM。当检测到一个 ASM 时，系统就会进入同步校核态 SC。

（2）同步校核态：由于数据流在传输过程中会受到误码和随机性的影响产生虚警现象，当检测到第一个 ASM 时不会马上进入同步态 SL，需要再逐帧确认 ASM。如果连续 $a-1$ 都能检测到 ASM，系统就会自动进入同步态 SL；否则就会返回上一级搜索态 L。其中，a 帧的持续时间被称为后方保护时间。

（3）同步态：也称为同步锁定状态。在系统进入同步态之后仍会逐帧确认 ASM，并提取数据帧。系统第一次漏检 ASM 时，很有可能是因为误码造成的漏检现象，系统不会立即进入搜索态 L，而是进入失步校核态 LC。

（4）失步校核态：系统从同步态转换到失步校核态后，在该状态中会继续检测 ASM，必须是连续 $b-1$ 帧都没有检测到 ASM，才会重

161

新进入搜索态 L，否则就再次回到同步态。其中，b 帧持续时间称为前方保护时间，可以减少因为误码和随机性造成的虚警现象。

CCSDS 建议的 AOS 系统标准中应用最佳的帧同步码型如表 7.2 所示，ASM 的长度都设置为 8bit 的整数倍，便于计算机进行数据处理。

表 7.2　最佳帧同步码型

位数/bit	码型（H）
8	B8
16	EB90
32	1ACFFC1D
64	FFF2D58B65466000

在接收到的数据码流中，全是由"0"和"1"随机排列的数据信息，以 16 位 ASM（EB90）为例，ASM 在码流中的位置如图 7.14 所示。

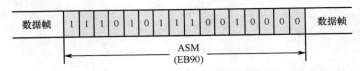

图 7.14　码流中 ASM 位置

帧同步系统检测 ASM 时，比较发送端添加 ASM 之后的 ASM 与接收端存储的 ASM，计算出相关函数。相关函数分为自相关值 C_s 和互相关值 C_m。自相关值只考虑 ASM 本身相关时的贡献的大小，而互相关值是指 ASM 和其前后位同时考虑也本地 ASM 位符号 δ 重合的贡献，错误程度（bit）指收到 ASM 加前后数据流和本地同步码的重合程度。

为了能够在接收端正确地检测出帧同步码（ASM），理想帧同步码具有的性质如下。

（1）在无噪声和无错误的条件下，接收到 ASM 和本地的 ASM 一样，即没有错位或者 $\delta = 0$ 时，自相关的函数 $C_s \big|_{\max} = N$，互相关的函数 $C_m \big|_{\max} = N$。N 是 ASM 的长度，作为计量。

（2）当有噪声而且有差错时，J 表示允许的差错位数。一般

$J = (1 \sim 3)\text{bit}$，则 $\delta = 0$ 时，$C_s \mid_{\max} = C_m \mid_{\max} = N - J$，$J$ 的选择 $J\Box N/2$。

（3）在相关比较的进程中有错误位，即 $\delta != 0$，相关的值应该马上跌落至极小值，$C_s \mid_{\min} = (-1 \sim 0)$。不论 δ 为多少，C_s 应该保持平坦，且 $C_m \mid_{\min} = N/2$，也应持续平坦。

（4）不考虑 N 是奇数还是偶数，取多少位，ASM 都应该存在。

（5）N 的取值越小，假同步头概率越小，ASM 越好。

（6）ASM 中的 0 和 1 符号数量近乎相等，0 和 1 的排列应该随机。

AOS 帧同步系统参数的建议值如表 7.3 所示。

表 7.3　AOS 帧同步系统参数的建议值

BER	M	J	a	b
$\text{BER} \leqslant 10^{-4}$	16	1	$\geqslant 4$	$\geqslant 4$
$10^{-2} \leqslant \text{BER} < 10^{-4}$	32	3	$2 \sim 3$	$2 \sim 4$
$10^{-2} < \text{BER}$	64	7	1	$1 \sim 2$

在选取帧同步参数时，希望入锁的时间尽量短，但持续的时间尽量长些，对于不同位数 M 下，a 值越小表示入锁的时间就越短，而此时系统误锁概率很大，对于不同位数 M 下，b 值越大同步的持续会越长，但系统误锁之后的最快解锁的概率很小，由此得出选取的参数不同，系统性能变化会很大。

通过对帧同步参数的选取，很好地实现帧同步状态的转换，找到数据帧的开始和结束，通过对前方保护时间 b、后方保护时间 a 和误码容限 J 的取值，能够很大程度上降低帧同步过程中容易出现的漏检现象和虚警现象，得到可靠的信息数据。

7.5.2　帧同步模块设计

本书所研究的 AOS 系统收发数据的类型包括 25 组 8bit 随机数信源、25 组 16bit 随机数信源、文本信源、图像信源和音频信源。在发送端需要完成的功能包括包封装、包处理、帧生成、虚拟信道调度和添加 ASM，其中，在添加 ASM 的功能里，ASM 码型 M 通常选取 8 位（B8）、16 位（EB90）、32 位（1ACFFC1D）和 64 位（FFF2D58B65466000）。

7.5.2.1 帧同步模块设计

AOS 系统接收端帧同步模块设计主要包括以下几个部分,其实现过程如图 7.15 所示。

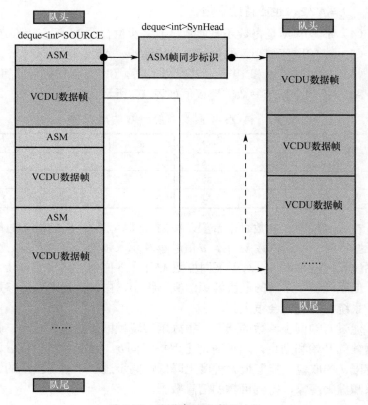

图 7.15 帧同步功能实现过程

(1)通过调用 FileDlg.GetPathName( )函数搜索需要处理的文件路径,选中文件,将其转化成二进制码流形式存储到整型双端队列 deque<int>SOURCE 中以备后续处理。

(2)建立两个整型双端队列 deque<int>SynHead 和 deque<int>SynedPOOL,其中 SynHead 用来存储 ASMASM 类型,还需要建立帧同步过程对象 FMS,然后开始调用 FMS.FirstEnter(SOURCE SynHead,

BackProtectTime, FrontProtectTime）函数和 FMS.enter- Searched( )函数提取出 ASMASM，其中 SOURCE 是存储二进制码流队列，BackProtectTime 是后方保护时间，FrontProtectTime 是前方保护时间，完成帧同步功能。

通过上述的设计实现，以 16 位 ASM（EB90）为例，AOS 接收端帧同步模块如图 7.16 所示。

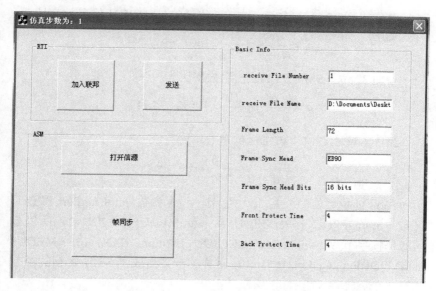

图 7.16　AOS 接收端帧同步模块

在图 7.16 中可以看出接收文件的数目（Receive File Number）为 1，ASM（Frame Sync Head）为 16 位的 EB90，前方保护时间为 4，后方保护时间为 4，帧同步之后每帧的帧长（Frame Length）为 72。

7.5.3　帧同步模块仿真

8bit 随机数信源一共 25 字节，设置参数 numCharPerCPPDU_8=2，numCPPDU_8PerMPDU_8=5，numMPDU_8PerVCDU=1，所以该信源每帧字节数 n=numCharPerCPPDU_8*numCPPDU_8PerMPDU_8* numMPDU_8PerVCDU=2*5*1=10，这样就一共封成了 3 帧，每帧前都

有一个 ASMASM。

一个完整的数据传输帧由两部分组成，包括 ASM 和 VCDU 数据信息。设置 α 为 VCDU 帧长度（字节），β 为 ASM 长度（字节），δ 为 VCDU 信息效率比，则有

$$\delta = \frac{\alpha}{\alpha + \beta} \qquad (7\text{-}24)$$

由公式（7-24）可知，添加 16 位 ASM，VCDU 信息效率比为

$$\delta = \frac{\alpha}{\alpha + \beta} = \frac{216}{222} \times 100\% = 97.30\%$$

添加 32 位 ASM，VCDU 信息效率比为

$$\delta = \frac{\alpha}{\alpha + \beta} = \frac{216}{228} \times 100\% = 94.74\%$$

添加 64 位 ASM，VCDU 信息效率比为

$$\delta = \frac{\alpha}{\alpha + \beta} = \frac{216}{240} \times 100\% = 90\%$$

16bit 随机数信源一共 50 个字节，设置参数 numCharPerCPPDU_16=2，numCPPDU_16PerMPDU=5，numMPDUPerVCDU=1，所以该信源每帧字节数 n=numCharPerCPPDU_16*numCPPDU_16PerMPDU*numMPDUPerVCDU=2*5*1=10，这样就一共封成了 5 帧，每帧的帧前都有一个 ASMASM。

由公式（7-24）可知，添加 16 位 ASM，VCDU 信息效率比为

$$\delta = \frac{\alpha}{\alpha + \beta} = \frac{360}{370} \times 100\% = 97.30\%$$

添加 32 位 ASM，VCDU 信息效率比为

$$\delta = \frac{\alpha}{\alpha + \beta} = \frac{360}{380} \times 100\% = 94.74\%$$

添加 64 位 ASM，VCDU 信息效率比为

$$\delta = \frac{\alpha}{\alpha + \beta} = \frac{360}{400} \times 100\% = 90\%$$

文本信源一共 1400 个字节，设置参数 numCharPerCPPDU=2，

numCPPDUPerMPDU=5，numMPDUPerVCDU=1，所以文本信源每帧的字节数 n=numCharPerCPPDU*numCPPDUPerMPDU*numMPDUPerVCDU=2*5*1=10，这样就一共封成了 140 帧，每帧的帧前都有一个 ASMASM，以 16 位的 EB90 为例。

由公式（7-24）可知，添加 16 位 ASM，VCDU 信息效率比为

$$\delta = \frac{\alpha}{\alpha + \beta} = \frac{10080}{10360} \times 100\% = 97.30\%$$

添加 32 位 ASM，VCDU 信息效率比为

$$\delta = \frac{\alpha}{\alpha + \beta} = \frac{10080}{10640} \times 100\% = 94.74\%$$

添加 64 位 ASM，VCDU 信息效率比为

$$\delta = \frac{\alpha}{\alpha + \beta} = \frac{10080}{11200} \times 100\% = 90\%$$

7.6 虚拟信道分用和解析模块

7.6.1 虚拟信道分用和解析原理

7.6.1.1 虚拟信道分用原理

通过 AOS 系统接收端帧同步功能模块的设计与实现之后，还要对数据进行虚拟信道分用和包提取、字节提取处理。接收端的虚拟信道分用与发送端的虚拟信道复用所采用的虚拟信道调度方法原理相同，但过程相反。

虚拟信道的分用过程，依据的是传输帧中的不同的虚拟信道标识（Virtual Channel ID, VCID），将不同的虚拟信道的数据帧分开处理。在本书中，VCID 占用 6bit，8bit 随机数信源的 VCID 设置为 0，以"000000"表示，一共传输 3 帧；16bit 随机数信源的 VCID 设置为 1，以"000001"表示，一共传输 5 帧；文本信源的 VCID 设置成 2，以"000010"表示，一共传输 140 帧；图像信源的 VCID 设置成 3，以"000011"表示，一共传输 3324 帧；音频信源的 VCID 设置成 4，以

"000100"表示，一共传输 2776 帧；根据 VCID 来识别出信源传输数据，为后续将处理后的数据传输给相应的用户做准备。

7.6.1.2 包提取、字节提取原理

传输帧通过虚拟信道分用功能处理后生成一个个完整的 VCDU 数据帧，接下来根据信源所采用的业务不同，对 VCDU 数据帧进行包提取、字节提取。对于 VCID 为 0 的 8bit 随机数信源，VCID 为 1 的 16bit 随机数信源和 VCID 为 2 的文本信源采用的是空间包业务的包提取处理；对于 VCID 为 3 的图像信源和对于 VCID 为 4 的音频信源采用的是位流业务的字节提取处理。AOS 系统发送端的包封装形式采用的是高效率帧生成算法，此算法是指当所生成的数据包足够多，能够填满空间包业务的 MPDU 包区或者位流业务的 BPDU 包区才释放此帧。接收端的包提取过程正好与封包过程相反，空间包业务的包提取原理图如图 7.17 所示。

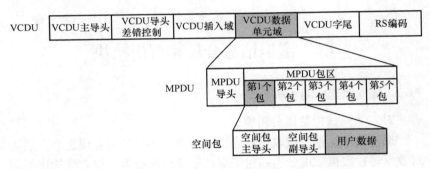

图 7.17 空间包业务的包提取原理

通过帧同步过程分离出一个个 VCDU 数据单元，再提取出 VCDU 数据单元域（MPDU），每个 MPDU 中包含 5 个 CPPDU 空间包，根据 APID 的标识传输给相应的信源，最后提取出用户数据。

位流业务的解包原理图如图 7.18 所示。

位流业务的解包过程与空间包业务的解包过程相类似，也是通过帧同步过程得到一个个 VCDU 数据单元，再根据 VCID 的不同提取出相应的 VCDU 数据单元域（BPDU），最后提取出位流信息。

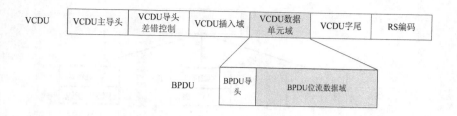

图 7.18　位流业务的解包原理

7.6.2 虚拟信道分用与空间包业务模块设计

需要处理的空间包业务信源数据包括 8bit 随机数信源、16bit 随机数信源和文本信源。为了能够在 AOS 仿真系统的接收端提取出正确的用户数据，就要对帧同步后的数据进行虚拟信道分用和包提取操作。使用 VC++6.0 开发环境，利用 MFC 搭建平台，并与 RTI 仿真环境结合，对虚拟信道分用与包提取模块功能的设计实现，主要设计步骤如下。

（1）通过调用 FileDlg.GetPathName( )函数搜索需要处理的文件路径，根据 VCID 的不同选择相应的文件，将其转化成二进制码流形式存储到整型双端队列 deque<int>SynPL 中以备后续处理。

（2）建立整型双端队列 deque<int>VCDU_Pkg,MPDU,CPPDU，并调用函数 VCDU_Pkg.insert(VCDU_Pkg.end( ),SynPL.begin( ),SynPL.begin( )+FramLen)将信息存储到 VCDU_Pkg 中，接下来建立对象 ProcessVCDU，ProcessMPDU 和 ProcessCPPDU，再依次调用函数 ProcessVCDU.SetPkg（VCDU_Pkg,MPDULen），ProcessMPDU.SetPkg（MPDU,CPPDULen），ProcessCPPDU.SetPkg（CPPDU）完成空间包提取。

（3）建立数组 DES_DATA[0]，并调用 u=ProcessCPPDU.PkgLen.size( ) 计算出空间包数目，接下来调用 DES_DATA[0].insert(pair<unsigned long,deque<char>>(ProcessCPPDU.Counter.at(u),ProcessCPPDU.UserData.at(u)))，将用户数据存储到数组 DES_DATA[0]中，提取用户数据。

空间包业务下的虚拟信道分用与包提取功能实现过程如图 7.19 所示：

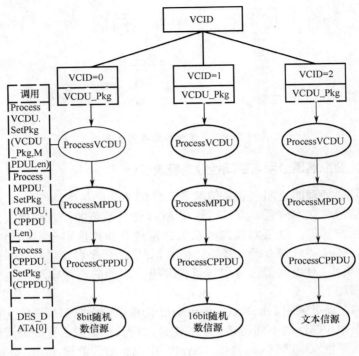

图 7.19 空间包业务下的虚拟信道分用与包提取功能实现过程

7.6.3 虚拟信道分用与空间包业务模块仿真

在虚拟信道分用与空间包业务模块的仿真实现中，分别对 VCID 为 0 的 8bit 随机数信源、VCID 为 1 的 16bit 随机数信源和 VCID 为 2 的文本信源做了仿真。8bit 随机数信源、16bit 随机数信源和文本信源数据信息量较小，所以采用空间包业务封装方式。VCDU 帧长度用公式（7-24）中的 α 表示，空间包业务传输帧在 VCDU 数据单元域中包含 MPDU 数据单元，用 γ 表示 MPDU 数据单元长度，空间包数据总长度用 ω 表示，空间包内部有用数据长度用 o 表示，MPDU 与 VCDU 信息效率比用 η 表示，空间包内部有用数据占空间包数据总长度信息效率比用 φ 表示，则有

$$\eta = \frac{\gamma}{\alpha} \tag{7-25}$$

170

$$\varphi = \frac{o}{\omega} \qquad (7\text{-}26)$$

在 8bit 随机数信源包提取过程中，MPDU 数据单元长度占 156 字节，空间包数据信息占 150 字节，VCDU 帧长度为 216 字节，提取出的有用数据占 25 字节，根据公式（7-25），MPDU 与 VCDU 信息效率比为

$$\eta = \frac{\gamma}{\alpha} = \frac{156}{216} \times 100\% = 72.22\%$$

根据公式（7-26），有用数据占空间包数据总长度信息效率比为

$$\varphi = \frac{o}{\omega} = \frac{25}{150} \times 100\% = 16.67\%$$

在 16bit 随机数信源包提取过程中，MPDU 数据单元长度占 260 字节，VCDU 帧长度为 360 字节，空间包数据信息占 250 字节，提取出的有用数据占 50 字节，由公式（7-25）可知，MPDU 与 VCDU 信息效率比为

$$\eta = \frac{\gamma}{\alpha} = \frac{260}{360} \times 100\% = 72.22\%$$

根据公式（7-26），有用数据占空间包数据总长度信息效率比为

$$\varphi = \frac{o}{\omega} = \frac{50}{250} \times 100\% = 20\%。$$

在文本信源包提取过程中，MPDU 数据单元长度占 7280 字节，VCDU 帧长度为 10080 字节，空间包数据信息占 7000 字节，提取出的有用数据占 1400 字节，由公式（7-25）可知，MPDU 与 VCDU 信息效率比为

$$\eta = \frac{\gamma}{\alpha} = \frac{7280}{10080} \times 100\% = 72.22\%$$

根据公式（7-26），有用数据占空间包数据总长度信息效率比为

$$\varphi = \frac{o}{\omega} = \frac{1400}{7000} \times 100\% = 20\%$$

7.6.4 虚拟信道分用与位流业务模块设计

需要处理的位流业务信源数据包括图像信源和音频信源，对其虚拟信道分用与字节提取模块功能的实现包括以下几个步骤。

（1）通过调用 FileDlg.GetPathName( )函数搜索需要处理的文件路径，根据 VCID 的不同选择相应的文件，将其转化成二进制码流形式存储到整型双端队列 deque<int>SynBL 中以备后续处理。

（2）建立整型双端队列 deque<int>VCDU_Pkg，deque<int> BPDU，并调用函数 VCDU_Pkg.insert(VCDU_Pkg.end( ),SynBL.begin( ),SynBL.begin( )+FramLen)，将信息存储到双端队列 VCDU_Pkg 中，接下来建立对象 ProcessVCDU 和 ProcessBPDU，再依次调用函数 ProcessVCDU.SetPkg(VCDU_Pkg,BPDULen)， ProcessBPDU.SetPkg (BPDU)完成字节提取。

（3）建立数组 DES_DATA[0]，通过调用 u=ProcessBPDU.BBPtr.size( ) 计算出空间包数目，接下来调用 DES_DATA[0].insert(pair<unsignedlong, deque<char>>(ProcessBPDU.BBPtr.at(u), ProcessBPDU.UserData.at(u))) 将用户数据存储到数组 DES_DATA[0]中，提取用户数据。

位流业务下的虚拟信道分用与包提取功能实现过程如图7.20所示：

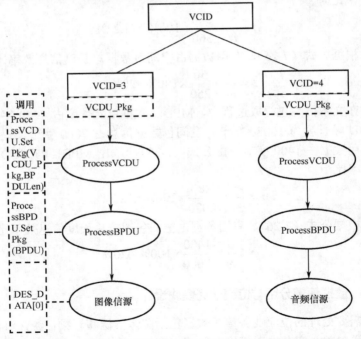

图 7.20　位流业务下的虚拟信道分用与包提取功能实现过程

7.6.5 虚拟信道分用与位流业务模块仿真

在虚拟信道分用与位流业务模块的仿真实现中，分别对 VCID 为 3 的图像信源和 VCID 为 4 的音频信源做了仿真。图像信源和音频信源数据信息量较大，采用位流业务封装方式。VCDU 帧长度用公式 （7-26）中的 α 表示。位流业务传输帧在 VCDU 数据单元域中包含 BPDU 数据单元，用 λ 表示 BPDU 数据单元长度，BPDU 与 VCDU 信息效率比用 τ 表示，则有

$$\tau = \frac{\lambda}{\alpha} \qquad (7-27)$$

在图像信源字节提取过程中，BPDU 数据单元长度占 172848 字节，VCDU 帧长度为 239328 字节，由公式（7-27）可知，BPDU 与 VCDU 信息效率比为

$$\tau = \frac{\lambda}{\alpha} = \frac{162180}{239328} \times 100\% = 72.22\% \qquad (7-28)$$

在音频信源字节提取过程中，BPDU 数据单元长度占 144352 字节，VCDU 帧长度为 199872 字节，由公式（7-27）可知，BPDU 与 VCDU 信息效率比

$$\tau = \frac{\lambda}{\alpha} = \frac{144352}{199872} \times 100\% = 72.22\% \qquad (7-29)$$

7.7 本章小结

本章实现了仿真系统的核心模块，在系统发送端，实现了多信源封装模块，包括 MPDU 及 BPDU 格式封装；实现了虚拟信道调度模块，完成了相应虚拟信道调度算法的验证；实现了附加帧同步标记添加模块，在数据序列中插入特殊的附加帧同步标记（ASM）来实现同步。在系统接收端，实现了帧同步模块，并分析了在帧同步中的漏检现象和虚警现象；实现了虚拟信道分用和解析模块，并对包业务和位流业务以及多种虚拟信道调度算法进行了仿真验证。

参 考 文 献

[1] 王洪月. 基于 HLA 的军事演习仿真系统研究[D]. 北京: 北京邮电大学, 2008.

[2] 毛用才, 胡奇英. 随机过程[M]. 西安: 西安电子科技大学出版社, 2006.

[3] 樊昌信, 张甫炳, 徐炳祥, 等. 通信原理(第六版)[M]. 北京: 国防工业出版社, 2008.

[4] 谢求成, 雷仲魁, 曹杰. 关于 N=31~64 最佳 PCM 群同步码的研究[J]. 南京航空学院学报, 1992, 24(6): 715-729.

[5] 李弘毅. HLA 技术在分布交互仿真系统中的应用研究[D]. 南京: 东南大学, 2006.

[6] 王鹏. 基于 HLA 的空间环境要素建模与仿真技术研究[D]. 武汉: 中国人民解放军信息工程大学, 2006.

[7] 吴明巧, 钟海荣. 基于 HLA/RTI 的卫星组网联邦原型开发[J] .系统仿真学报, 2004, 16(6): 1292-1295.

[8] 周雅芳. 基于 HLA-RTI 的 AOS 多信源链路层发送仿真系统研究[D]. 沈阳: 沈阳理工大学, 2015.

[9] 周彦, 戴剑伟. HLA 仿真程序设计[M]. 北京: 电子工业出版社, 2002.

[10] 张勇. 空间站 AOS 方案的研究[D]. 西安: 西北工业大学, 2004.

[11] 高鹏. 基于 HLA 的仿真框架的设计实现与应用[D]. 北京: 中国科学院研究生院, 2008.

[12] 梁艳楠. 水下机器人视景仿真与高层体系结构 HLA 研究[D]. 哈尔滨: 哈尔滨工程大学, 2007.

[13] 张耀寰. 基于 HLA-RTI 的 AOS 多信源链路层接收仿真系统研究[D]. 沈阳: 沈阳理工大学, 2015.